BESTSELLER

JACOBO GRINBERG-ZYLBERBAUM

LA TEORÍA SINTÉRGICA

DEBOLS!LLO

El papel utilizado para la impresión de este libro ha sido fabricado a partir de madera
procedente de bosques y plantaciones gestionadas con los más altos estándares ambientales,
garantizando una explotación de los recursos sostenible con el medio ambiente y beneficiosa para las personas.

La teoría sintérgica

Primera edición en Debolsillo: abril, 2024
Primera reimpresión: mayo, 2024
Segunda reimpresión: julio, 2024
Tercera reimpresión: agosto, 2024
Cuarta reimpresión: octubre, 2024
Quinta reimpresión: noviembre, 2024
Sexta reimpresión: noviembre, 2024
Séptima reimpresión: noviembre, 2024
Octava reimpresión: marzo, 2025
Novena reimpresión: mayo, 2025
Décima reimpresión: agosto, 2025
Undécima reimpresión: septiembre, 2025
Décima segunda reimpresión: noviembre, 2025
Décima tercera reimpresión: diciembre, 2025
Décima cuarta reimpresión: febrero, 2026
Décima quinta reimpresión: febrero, 2026
Décima sexta reimpresión: abril, 2026

ISBN: 978-607-384-247-1

Impreso en México – *Printed in Mexico*

ÍNDICE

JACOBO GRINBERG-ZYLBERBAUM: EL QUIJOTE DE LA CIENCIA

Por Emiliano Ruiz Parra

Jacobo Grinberg nació el 12 de diciembre de 1946 en la Ciudad de México, en una familia de inmigrantes que habían escapado de las persecuciones antisemitas en Europa del Este. Estudió Psicología en la Universidad Nacional Autónoma de México (UNAM) y un doctorado en Neurociencias en la Universidad de Nueva York.

Jacobo Grinberg es uno de los mexicanos más desafiantes de la segunda mitad del siglo XX. Eligió el cerebro humano como tema de investigación y se propuso responder a la pregunta de dónde proviene *la experiencia*, es decir, cómo se construye la realidad en la mente. Esa respuesta lo llevó a formular la *teoría sintérgica* (*sintergia*, neologismo derivado de *síntesis* y *energía*), de la que se hablará más adelante.

Grinberg fue un hombre de ciencia, obsesionado con las mediciones objetivas y puntuales, los experimentos y las comprobaciones de laboratorio. Esa obsesión, sin embargo, no le impidió cruzar fronteras: conoció y divulgó los supuestos dones de los chamanes indígenas como Pachita, que realizaba trasplantes de órganos con un cuchillo de monte. Se tomó en serio las escuelas místicas, en especial la cábala judía y el budismo tibetano; estudió y practicó la meditación y el yoga. Sus intereses intelectuales quedaron registrados en más de 50 libros. Fue un autor prolífico que lo mismo escribió textos científicos que cuentos, novelas y una autobiografía.

En diciembre de 1994 Jacobo Grinberg desapareció. Nunca fue localizado y las autoridades no obtuvieron mayores pistas de su paradero ni de los posibles responsables de su secuestro. Su repentina ausencia provocó, primero, una temporada de olvido. Grinberg no era bien visto por la comunidad científica de su época y durante años había soportado acusaciones de charlatanería y falta de rigor científico. Con el tiempo, sin embargo, se ha formado un público dispuesto a las propuestas del doctor Grinberg. Quien se aventure a leer sus libros encontrará a un autor audaz, a un científico que cruzó fronteras y, sobre todo, a un ser humano que buscó la libertad en cada palabra escrita.

El ortodoxo

Antes de convertirse en un científico de mente abierta, Jacobo Grinberg fue un hombre de normas y estructuras tradicionales. Cuando era joven, escogió como mentor al profesor más rígido y exigente de la carrera en Psicología: el médico y neurofisiólogo Héctor Brust Carmona. "Se convertiría en la influencia más importante de mi vida —escribió el propio Grinberg—, mi ser reconocía en Brust la figura paterna que mi inconsciente anhelaba".

En los sesenta los estudios de psicología habían surgido dentro de la Facultad de Filosofía y Letras de la UNAM, que bullía entre movimientos de izquierda, pensadores existencialistas y jóvenes en pleno despertar político y sexual. El plan de estudios incluía materias más duras, como la psicofisiología, y los estudiantes debían caminar a la Facultad de Medicina a tomarlas. Entre esos profesores estaba Brust Carmona.

"Me burlaba de las emociones, considerándolas muestras de debilidad —escribió Grinberg en su autobiografía *La batalla por el templo* (1991)—, el impulso a ser admitido me perseguía siempre". Después de rigurosos exámenes, el joven Grinberg entró como aprendiz al laboratorio que dirigía Brust Carmona y se vestía siempre de bata, traje y corbata. Tanto en el laboratorio como en su vida matrimonial "todo debía vivirse de la misma forma, sin desviación alguna", recordó después. El joven Jacobo —al igual que Brust Carmona— estudiaba el núcleo caudado del cerebro: justo la parte del órgano que regula el control.

En esa época se aceptaba y practicaba la experimentación con animales. En el laboratorio de Brust lo hacían, sobre todo, con gatos. Se les abría la cabeza, se les conectaban ánodos y cátodos en el cerebro, y se les estimulaba con proteínas. Lizette Arditti, quien fue su primera esposa, me cuenta que el examen profesional de Jacobo provocó conmoción. Llevó a un gato con electrodos en la cabeza. El auditorio se crispó cuando el michi enseñó los colmillos después de que le estimularon la amígdala (un núcleo subcortical en el cerebro). En ese entonces, escribió Grinberg, "solo aceptaba los resultados de experimentos controlados". Aprendió a dominar las artes quirúrgicas, el registro encefalográfico y el método experimental. Y comprendía la física cuántica, central para sus teorías de madurez.

Y llegó 1968, ese año que subvirtió a las juventudes en diversas ciudades del mundo y, por supuesto, en la Ciudad de México. Para ese entonces, Jacobo ya empezaba a cuestionarse sus ideas sobre la vida. Y dio el paso: al igual que cientos de miles de jóvenes universitarios, se sumó al movimiento estudiantil. "Me gustaban las normas —reflexionó después— pero también empezaba ya a anhelar un cambio de estructuras". La tarde del 2 de octubre tenía planeado acudir a la marcha a Tlatelolco, pero uno de los gatos del laboratorio sufrió una crisis y Jacobo pasó horas dándole respiración de boca a boca y eso le impidió llegar a la marcha que devino en masacre. En los días que sucedieron a la matanza de las Tres Culturas, Jacobo acudió a cuidar a los gatos en medio de una universidad tomada por los soldados.

"Empecé a sentir una necesidad imperiosa de libertad y todo el control que me había impuesto comenzó a resquebrajarse, dentro de mí hervía la inquietud y el deseo de algo desconocido". Su atuendo sufrió cambios: guardó la corbata y comenzó a usar guayaberas, mezclilla y tenis.

La madre

Hay un tópico que se repite en los textos acerca de Jacobo Grinberg: el impacto que le provocó la muerte de su madre. El niño Jacobo tenía 10 años y cuidó a su mamá en su agonía, en la casa familiar de la calle Sócrates, en la colonia Polanco. Él mismo se pregunta si esa orfandad lo llevó a estudiar el cerebro, pues su madre falleció de un tumor cerebral.

"Yo pasaba mucho tiempo solo cuidando a mi mamá; pensaba yo mucho y pensaba en las distintas dimensiones del mundo", le contó a su amigo Juan José Sánchez Sosa.

Sin ese cimiento que era Estusha Zylberbaum, la familia quedó a la deriva, en manos de un padre violento y de una nana, Petra, que cuidó a los pequeños hermanos Nathán, Jacobo y Gerardo Grinberg, de acuerdo con el relato autobiográfico del propio Jacobo.

En un ambiente doméstico sofocante, Jacobo Grinberg se matriculó en la licenciatura en Física en la Facultad de Ciencias de la UNAM. Y se inscribió en un grupo sionista: quería emigrar a Israel. En ese grupo conoció a Lizette Arditti. Jacobo, recuerda Arditti, era un muchacho lector y muy intelectual, que desde entonces lucía una larga y cerrada barba negra. En unos meses se instalaron como trabajadores agrícolas en un kibutz a escasos 500 metros de la Franja de Gaza —uno de los kibutz atacados por Hamas el 7 de octubre de 2023.

"Descubrimos el amor con mucha libertad. No estaban nuestros padres para decirnos así sí o así no. Era una exploración hermosa y muy libre", recuerda Arditti más de medio siglo después. Arditti lo sigue llamando Jaco, como le decía de cariño cuando eran novios.

Un año después, Grinberg volvió a México. Su padre había tenido otro hijo con una nueva esposa: un niño "que era una hermosura", como recuerda el propio Grinberg. Ese pequeño se convertiría en el célebre actor Ari Telch. Arditti regresó también a la casa de sus padres, en Guadalajara. Jacobo la visitaba cada que podía. El propio Grinberg cuenta en sus páginas autobiográficas que era tímido y se quedaba callado en las comidas con sus suegros. Pronto abandonó la física porque reparó que las matemáticas no eran su fuerte, se matriculó en la carrera de Psicología y consiguió trabajitos como ayudante de maestro y auxiliar de laboratorio. Su amigo y también estudiante de Psicología Juan José Sánchez Sosa recuerda que ambos trabajaban en el laboratorio de la Preparatoria 4, al poniente de la Ciudad de México. Con una mínima autonomía económica, el 25 de septiembre de 1968 Jacobo y Lizette se casaron en la sinagoga de la calle Monterrey, en la colonia Roma de la Ciudad de México. Lo celebraron con un brindis en la casa de los padres de Arditti, que se habían mudado a la Ciudad de México. En 1971 nació Estusha Grinberg, la única hija de Jacobo y Lizette.

Jacobo era un muchacho bajito y regordete de —más o menos— un metro sesenta de estatura. "Un osito", como lo recuerda Juan José Sánchez Sosa. Un joven de buen sentido del humor, que contaba chistes.

"Lo recuerdo muy claramente como alguien excepcionalmente despierto. Muy perceptivo. Era optimista y muy cercano interpersonalmente. Ponía mucha atención a lo que estaba uno diciendo, lo pensaba, lo comentaba e interactuaba a partir de eso", me dice Sánchez Sosa en su laboratorio de la Facultad de Psicología, de la que es profesor emérito.

Grinberg empezó a cuestionarse ideas incluso desde su propia vida personal.

"Abrazaba a Lizette, pero soñaba con otras mujeres", escribió Grinberg en su autobiografía.

"Era todo muy lindo hasta que Jacobo empezó a despertar a otras mujeres", me cuenta Arditti. Jacobo trató de convencerla de tener una relación abierta. "Yo no pude con eso. Me dije: tengo que hacerle caso a mi corazón, no a las ideas. Y ahí hay una separación contundente y Jacobo agarra su camino".

En *La batalla por el templo* Grinberg cuenta sus múltiples búsquedas que lo llevaron a romper con maneras de ser y de pensar que había aprendido de su rígida madre y de los maestros del Colegio Israelita. Grinberg amó profundamente a las mujeres. A su hija Estusha, sobre todo, y a Lizette mientras fue su pareja. Los enamoramientos de Grinberg eran como erupciones volcánicas. Se fascinaba por una mujer y la amaba locamente unas semanas; luego llegaba el aterrizaje a la realidad, empezaban los pleitos constantes y Grinberg se sentía agobiado.

"Siento que no era muy maduro en la parte afectiva", me dice Arditti en entrevista.

La pareja intentó una reconciliación. Grinberg se fue a estudiar el doctorado a la Universidad de Nueva York, al laboratorio de Estudios del Cerebro, que dirigía Roy John. En Nueva York, Grinberg experimentó un despertar intelectual y empezó a forjar sus más revolucionarias ideas. Lizette y la pequeña Estusha lo alcanzaron y retomaron la vida familiar. Pero a las pocas semanas ocurrió lo mismo: Jacobo se sintió "en una prisión" y la pareja se separó por segunda vez. El viaje, sin embargo, fue provechoso para ambos. Lizette hizo una maestría en Psicología Humanista y descubrió su segunda vocación, la pintura. Aun después de separarse, Grinberg le llevó a Arditti cada uno de sus más de 50 libros. Sabía que ella los leería y comprendería.

Años después, Grinberg reflexionaría acerca de su rompimiento con Arditti: "Lizette era mi amiga, hermana y esposa, y ambos nos sosteníamos a la perfección. Solamente cuando se pierde una relación así se percibe lo maravillosa que era".

La teoría sintérgica

Los chamanes indígenas, los lamas tibetanos, la cábala judía. Grinberg les dedicó atención y escribió sobre ellos como ningún otro investigador mexicano de su época. Pero fue más lejos, en busca de explicarse la conciencia terminó por ofrecer una teoría del cosmos. Grinberg se preguntó cómo se forma *la experiencia*: aquello que los seres humanos percibimos y conocemos como la realidad:

"Jacobo quería entender el mundo consciente: lo que vemos, tocamos, saboreamos, sentimos. A Jacobo le interesaba el hecho de que nosotros estamos conscientes y podemos hacernos preguntas como de dónde vienen los átomos, cuál es el origen de la vida, y otras", me dice Manuel Delaflor, quien fuera su discípulo durante seis años.

Grinberg pronto se dio cuenta de que no existía una dicotomía entre la realidad y nuestra percepción, o entre la materia y la idea que tenemos de esta. Ambas eran una sola cosa y había que entenderlas como una unidad. O mejor aún, como *la Unidad*.

Y para explicarlo ofreció la teoría sintérgica.

El universo —propone esta teoría— está conectado a través de la *lattice* (celosía, enrejado), una matriz, constituida a nivel cuántico, que contiene toda la información del universo. La lattice contiene la misma información en todos y cada uno de sus puntos. Lo que nosotros conocemos como realidad es el resultado de la interacción entre la lattice y nuestro campo neuronal. Pero el ser humano no es un receptor pasivo de la lattice. La conciencia no solo recibe la información. También participa de ella. Al hacerlo, la altera y la modifica.

"Cuando la energía se concentra de cierta forma en el cerebro se produce lo que él llama un campo neuronal, que interactúa con la lattice o matriz básica del espacio, y de esta interacción surge el mundo que vemos. ¿Cómo se crea la experiencia? Es la distorsión producida por la actividad cerebral —me explica Delaflor—. Sí existe un mundo material, pero lo que nosotros percibimos está mediado por esta interacción. Lo que percibimos está construido, no está dado".

El cerebro, para Grinberg, es una estructura *similar* a la lattice: un cuerpo orgánico cuyos 12 mil millones de neuronas se conectan por medio de los axones. El cerebro, dice Grinberg, es un espejo donde se refleja la lattice. Y el órgano capaz de decodificarla por medio de un proceso que llamó la *neuroalgoritmización*.

Durante meses, Grinberg estuvo presente en la sala de operaciones de Bárbara Guerrero, *Pachita*. ¿Cómo debe reaccionar un científico ante lo que veían sus ojos? Grinberg cuenta que Pachita sacaba tumores o transplantaba órganos sanos después de extirpar riñones o pulmones enfermos. Lo que más interpelaba a Grinberg era que, de la nada, aparecían en las manos de la chamana un riñón, un pulmón o un pedazo sano de cerebro que injertaba en los cuerpos de sus pacientes.

Grinberg se explicó esos milagros por medio de su teoría sintérgica. Decía: el cerebro de Pachita es capaz de alterar la lattice. Por eso el interés de Grinberg en estudiar los cerebros de los chamanes mexicanos y los lamas tibetanos.

"Lo voy a explicar en términos especulativos: si el cerebro construye el mundo que vemos, ¿qué pasa si nos encontramos con un cerebro que no procesa el mundo como los demás? El chamán aparentemente tiene capacidades que le permiten hacer predicciones o curaciones de formas que no son entendidas de manera convencional porque su conciencia es distinta: distorsionan de otra manera la base del espacio y, por lo tanto, tienen habilidades que otros no tienen. El interés de Jacobo, más que antropológico, era 'necesito encontrar cerebros que no funcionan como los cerebros convencionales para ver si la teoría tiene sustento'", dice Delaflor.

"Todos nuestros pensamientos están interrelacionados [...] muchos ni siquiera son nuestros, sino que vienen del colectivo", anotó Grinberg. En busca de huellas medibles de la interacción entre el cerebro humano y la lattice, pensó en el concepto *potencial transferido*. Quería saber si los cerebros de dos personas podían comunicarse. El experimento era sencillo: dos personas se encontraban y conversaban. Después, metía a cada uno a una cámara de Faraday, en donde no tenían ningún tipo de contacto. Ahí, estimulaba solo al sujeto A. Quería saber si el cerebro del sujeto B, en ese mismo momento, registraba una variación eléctrica medible por los aparatos. Según el periodista Sam Quiñones —que escribió sobre Grinberg tres años después de su desaparición—, sus resultados fueron positivos en el 25 por ciento de los casos.

"Para la ciencia son casualidad. Como no se ha logrado replicarlo con un nivel estadístico confiable, la comunidad científica lo ha eliminado de sus áreas de experimentación", escribió Leah Bella Attie (*Alicia en el país de la conciencia*). Attie era la colaboradora de Grinberg que estaba a cargo de los experimentos de potencial transferido a la desaparición del investigador.

La teoría sintérgica no se tomó en serio. "Me siento como excomulgado, viviendo al margen de la sociedad, [ese ha sido] el precio a pagar por no someterme al paradigma imperante", escribió Grinberg en *La batalla por el templo*.

Meses antes de desaparecer, Grinberg recibió a un reportero. Le dijo que sus investigaciones tenían tres vertientes: el enfoque neurofisiológico, que desarrollaba en el laboratorio; el enfoque chamánico, que se hacía en el trabajo de campo, y el estudio de las distintas escuelas místicas. "Lo acusan de charlatanería", lo provocó el reportero. "La ciencia se define por su método, no por sus temas", replicó el psicofisiólogo.

Sam Quiñones hace una bella síntesis de la sintergia: "La teoría por la que Grinberg llegó a ser conocido reflejaba su personalidad. Basándose en la física y en sus experiencias con curanderos, un poquito de Einstein, un poquito de doña Pachita, su mensaje esencial era cálido y esperanzador: toda la humanidad está interconectada. Grinberg pasó casi toda su vida de adulto tratando de probar esta idea. Si tuvo éxito o no es un debate que continúa en su ausencia".

El laboratorio

Así lo describe Manuel Delaflor: "Entrabas y había un espacio de oficina con el escritorio de Jacobo enfrente de una ventana. Había libreros por todos lados y podíamos sentarnos ahí ocho o diez personas con sillas alrededor del escritorio. Luego un pasillo, otra computadora y varios estantes y aparatos de registro electroencefalográfico. Después venía un baño independiente y una cámara de Faraday en donde podía la gente entrar y estar aislados electromagnéticamente del entorno".

Leah Bella Attie y Amira Valle tenían poco más de 20 años cuando trabajaban con Jacobo Grinberg. Ellas han escrito un libro para rescatar sus memorias y los trabajos científicos que hicieron con la dirección de su maestro. Se llama *Alicia en el país de la conciencia* e hicieron una edición de autor en 2014. Ellas conocieron a Jacobo Grinberg cuando él estaba en la cuarta década de su vida. Grinberg ya había desarrollado sus principales teorías. Era consciente de la heterodoxia de sus planteamientos y del rechazo que provocaban en los científicos institucionales.

En el volumen, Attie y Valle cuentan que cuando Jacobo Grinberg llegaba enojado al laboratorio "su energía era tan fuerte que las computadoras paraban o no prendían. Teníamos que poner las manos encima para que se calmaran como si fueran cachorritos". Por el contrario, cuando Grinberg estaba feliz y entusiasmado, "el hipercampo del laboratorio cambiaba" los aparatos funcionaban a la perfección.

Jacobo Grinberg dirigía el laboratorio número 23 de la Facultad de Psicología de la UNAM, el cual obtuvo cuando lo nombraron coordinador de la maestría en Psicobiología. Allí pasaba la mayor parte de su tiempo. "Tenía cámaras de Faraday, electroencefalógrafos, equipos para inducir sonidos con bocinas; tenía registros psicofisiológicos, tasa cardiaca, pletismógrafo para respiración, [medidores de] temperatura distal periférica", recuerda Juan José Sánchez Sosa, quien, en la década de los noventa, era director de la Facultad de Psicología. La cotidianidad se desarrollaba entre computadoras, plumillas y papel de electroencefalograma.

"Jacobo era muy entusiasta y podía ser muy convincente y elocuente con las personas correctas. En la UNAM nosotros teníamos siempre las mejores computadoras antes que nadie. Era el mejor laboratorio", recuerda Delaflor.

Celebraba reuniones semanales cada viernes a las tres de la tarde. Attie y Valle cuentan que era una delicia intelectual. Discutir los proyectos de trabajo, los hacía hablar de filosofía, ciencias y disciplinas orientales. Y no tuvo problema en aceptar entre sus colaboradores al "genio autodidacta" —así lo llamaba— Manuel Delaflor, quien carecía de títulos y diplomas.

Jacobo Grinberg también se postulaba a diversas convocatorias del Conacyt y la UNAM para obtener becas para los 15 colaboradores que llegó a tener el laboratorio.

"No existían los buscadores [de internet], pero Jacobo era muy diestro buscando y encontrando qué fundaciones financiaban proyectos. Alguna vez me dijo 'no tienes idea de la cantidad de dinero que nadie usa porque nadie responde a las convocatorias'. Él conseguía dinero del Conacyt, que ya existía, con relativa facilidad", recuerda Sánchez Sosa.

Al laboratorio acudían lamas tibetanos, chamanes indígenas, cabalistas judíos, pacientes operados por Pachita. Grinberg los invitaba a que entraran a la cámara de Faraday, a ponerse gorritos con electrodos en la cabeza y medirles el *potencial evocado* y el *potencial transferido*, conceptos centrales en las investigaciones del equipo. El laboratorio era el epicentro, pero los investigadores salían a confrontar sus hallazgos. Delaflor recuerda que acompañó a su maestro a ver a luminarias contraculturales de su época como Carlos Castaneda —el autor de *Las enseñanzas de don Juan*— o el muy excéntrico jesuita Salvador Freixedo, experto en ovnis.

"Jacobo daba batallas frontales para defender el laboratorio de despiadados ataques", escribió Amira Valle. Ataques que provenían de "el grupo de neurofisiólogos que no podía aceptar que un miembro de su comunidad hubiese cambiado radicalmente el enfoque, alejándose de la ortodoxia". Por esas épocas, Grinberg dirigía el curso de meditación en el auditorio de la facultad; tenía la cátedra de Mecanismos de la Memoria, y además daba un seminario con especialistas, con quienes discutía temas diversos.

"Cuando empieza a describir estas otras experiencias que parecían no tener explicación, una gran cantidad de la comunidad científica de la UNAM y de afuera dijeron 'es otro charlatán, ya está hablando de cosas raras, no está haciendo ciencia', pero Jacobo nunca dejó de usar el laboratorio con la metodología apropiada", recuerda su amigo y colega Sánchez Sosa.

"Cerramos los jueves", decía un letrero pegado en la puerta del laboratorio. Leah Bella Attie descubriría que los jueves Jacobo Grinberg se dedicaba a meditar, hacer yoga y profundizar en prácticas orientales. Leah quiso sumarse, después uno y otro colega de su equipo se fueron animando hasta que los jueves se convirtieron en el día en que varios integrantes del laboratorio viajaban a la cabaña que Grinberg tenía en algún lugar de los Altos de Morelos. Allí les enseñó yoga, meditación autoalusiva, *Prana Yana* (una técnica de respiración) y caminatas de conciencia: a cada paso tocarse un dedo y decir za-ta-na-ma... "Era ver al académico transformarse en nuestro maestro espiritual", escribió Attie. "Durante un tiempo, cada jueves, ahí íbamos a hacer meditación. La cabaña estaba en medio del bosque y no tenía agua ni luz, ni nada", dice Delaflor.

Era una época sin internet ni celulares. Las cartas se recibían por fax y se imprimían en ruidosas impresoras de puntos. No había teléfono adentro del laboratorio y, cuando Grinberg tenía llamada, Leah era la responsable de salir corriendo a contestar el teléfono.

Algunos colaboradores se ganaron el mote de "los cuatro sintérgicos". Uno de los sueños de Grinberg era establecer el Instituto Nacional para Estudios de la Conciencia (INPEC): un espacio donde integrar sus búsquedas científicas y espirituales: continuar con sus investigaciones y también enseñar meditación y yoga. Pero sobrevino su desaparición a fines de 1994 y sus proyectos quedaron en vilo.

Las fronteras

Jacobo Grinberg cruzó las fronteras de la ciencia. Experimentó con la ouija, el I-Ching, la astrología y la cábala; creyó en la *visión extraocular* (ver sin los ojos) y enseñó a los niños a practicarla. De acuerdo con sus escritos, alguna vez logró levitar; rememoró 12 vidas pasadas y al menos dos veces *mudó de cuerpo*. Fue a Costa Rica a buscar señales de la Atlántida, el continente perdido, acompañado de chamanas de ese país. Cuando Grinberg escribió sus libros la contaminación del aire en la Ciudad de México era ya insoportable. Según su propio testimonio, no se quedó cruzado de brazos: con ejercicios de respiración y meditación limpió la atmósfera de algunas de las manzanas a la redonda. Luego se comunicó a la Secretaría de Ecología (*sic*) para ofrecer su técnica y fue cortésmente desairado.

Pero acaso su experiencia más audaz la vivió junto a Bárbara Guerrero, *Pachita*, la chamana que hacía transplantes de órganos con un cuchillo de monte. Grinberg atestiguó decenas, acaso cientos de operaciones de pacientes que llegaban desahuciados y se iban felices, sanos y curados. Pachita —cuenta Grinberg— entraba en trance y el espíritu de Cuauhtémoc, el último emperador azteca, tomaba el cuerpo de la chamana. Grinberg se dirigía a Pachita como "Hermano", porque en realidad le hablaba a Cuauhtémoc, con quien conversaba en los intervalos entre paciente y paciente.

"Supe que yo estaba ahí no para fundar un instituto [de estudios de la conciencia] sino para establecer un puente de unión entre Cuauhtémoc y Quetzalcóatl [...] Cuauhtémoc me animaba a escribir en un lenguaje florido [...] me contaba de su vida de emperador y de la terrible conquista [a la] que fue sometido él y su reino", cuenta el propio Grinberg. "Publiqué un libro sobre Pachita y mis colegas de la UNAM pensaron que había enloquecido", recordó después.

En la India fue a buscar a un gurú de 800 años de edad, pero llegó tarde: había muerto tres días antes. En México buscó al chamán don Panchito, menos longevo, pero que llegó a los 130 años. También estuvo en busca de las huellas históricas del indio yaqui Juan Matus, el sabio de *Las enseñanzas de don Juan.* Se convenció de su existencia histórica y absorbió sus ideas por medio de los libros de Carlos Castaneda.

"Comencé a sospechar que las ideas que yo suponía mías en realidad me habían sido dadas por don Juan desde el otro mundo [...] mi campo neuronal había logrado interactuar con don Juan en alguna zona de la lattice".

He hecho una enumeración de algunas de las fronteras intelectuales que Grinberg cruzó, y que él mismo contó en el delicioso volumen autobiográfico *La batalla por el templo* (1991). Lo dicho aquí con prisa y trivialidad posee, en realidad, un atrevimiento que el lector solo encontrará cuando lea los libros de Grinberg.

Su audacia intelectual más seductora tiene un giro borgiano o de cuento de Philip K. Dick. Cuenta Grinberg que, en los años cincuenta, un inmigrante europeo llegó a una universidad norteamericana a dictar conferencias sobre la conciencia. Se le conocía como el Viejo. Convocó a sus estudiantes más comprometidos a apartarse a una vida de reflexión en una reserva indígena. Ahí, el maestro llegó a un grado tan elevado de meditación que un día se esfumó entre los árboles. Ese maestro se llamaba —coincidentemente— Jacobo *Albert* Grinberg-Zylberbaum.

Décadas después, uno de los discípulos del Viejo encontró los libros de Jacobo Grinberg —el mexicano—, y notó que coincidían punto por punto con las enseñanzas del viejo Albert. Grinberg —el joven— se pregunta si acaso el espíritu del Viejo lo ha tomado y guiado desde su infancia, específicamente desde un momento crucial: la muerte de su madre, Estusha. "¿Era Albert el arquitecto del plan y yo una simple herramienta en sus manos para realizar sus deseos?", se pregunta. Acerca de aquel hombre "de vez en cuando recibo noticias confirmatorias de su existencia y de su conexión misteriosa con la mía".

Sin embargo, dice Delaflor, Jacobo siempre renegó de que lo tildaran de *parapsicólogo.* "Esto es ciencia", decía.

Y nunca, recalca su amigo Sánchez Sosa, nunca Jacobo Grinberg perdió contacto con la realidad. Era reticente al consumo de alcohol y drogas. Nunca alucinó ni oyó voces.

"Buscaba la explicación científica para aquello que no parecía científico. Siempre regresaba a la metodología científica, principalmente la metodología experimental. Le alborotaba la mente el encontrar un puente entre lo que había visto aparentemente sin explicación ninguna y lo que sabíamos de neurofisiología y psicofisiología", afirma.

El hobbit

"De lejos parecías un hobbit de Tolkien, bajito, regordete", le escribe Amira Valle. Poseía una bella voz de tenor. En la intimidad —me cuenta Estusha Grinberg— le gustaba cantar arias de ópera. Acumulaba frascos de vitaminas y las consumía seguido, y en las paredes colgaba collages de fotografías de sus viajes, en particular sus retratos con lamas o chamanes. Le gustaba la comida judía, pero en la cotidianidad lo recuerdan comiendo en el puesto de quesadillas de la Facultad de Psicología y disfrutando tacos de chile relleno.

Se movía en cochecitos sencillos: un vochito azul celeste y un Brasilia, que lo llevó con Estusha en un largo viaje hasta San Francisco, California. Se encerraba a escribir y a meditar en una cabaña en el fraccionamiento Los Robles, en Morelos, que había bautizado como *Safed* en honor a una ciudad de cabalistas en Israel. Ahí no había luz ni agua, solo paz y silencio.

Tenía carácter fuerte. Impulsivo, me dice Manuel Delaflor. "Gruñón, sangroncito, fascinante, un genio", añade Amira Valle. "Duro, exigente y perfeccionista", dice Leah Bella Attie. "No era una persona realizada, no tenía logros contemplativos ni regulación emocional", según Valle. "Jacobo era neurótico. Nos hizo llorar varias veces. La gente lo tenía idealizado: no estaba iluminado", remata Attie.

Ella cuenta que Grinberg dormía poco. "Decía que su cabeza era un radio. Un día no podía dormir, prendió su radio de onda corta y escuchó la noticia: empezaba la guerra del Golfo".

"Soy una especie de iluminado neurótico", se confesó Grinberg ante Attie. Hay una escena que quedó marcada en los recuerdos de Amira y Leah. Además de científica en ciernes, Leah era bailarina. Se preparaba para una presentación en el Festival Cervantino y tenía un ensayo aquella tarde. Se disculpó por retirarse antes de su hora de salida y se despidió de sus colegas. Grinberg montó en cólera. Golpeó la mesa con los puños y le puso un ultimátum: elige el laboratorio o la danza. Uno de los colaboradores lo llamó a la calma.

"Está bien, pero termina lo que estás haciendo en el laboratorio porque no me queda mucho tiempo", pidió Grinberg.

Su hija Estusha lo recuerda de una manera diametralmente distinta: un padre amorosísimo y muy consentidor, y un hombre sereno que nunca se estresaba. Amira Valle y Leah Bella Attie también lo rememoran haciendo expediciones al Espacio Escultórico para meditar en grupo o caminando entre las milpas y nopaleras de Morelos tras una sesión de yoga. A Grinberg le emocionaba el aprendizaje. Cuando aprendía algo nuevo parecía un niño feliz.

De niño le llamaban Jacky en la familia y lo hacía feliz ir de vacaciones a Acapulco. En ese entonces criaba tarántulas, desarmaba radios y televisores para aprender su funcionamiento y construía pequeños aviones. En esos años tuvo un sueño revelador: estaba adentro de una nave espacial y un ser extraño le ponía cables en la cabeza. Le enseñaba a leer libros con solo poner sus manos encima del volumen y le daba una predicción que se cumpliría décadas después: escribirás muchos libros.

El escritor

Nunca acudió a un taller literario ni manifestó, de niño o adolescente, deseo de convertirse en escritor. Sin embargo, un día —un día que recuerda bien Lizette Arditti—, se propuso escribir.

"Yo quiero escribir, y voy a hacer mucho dinero de escribir. Siento que puedo hacer suficiente dinero y entonces voy a poder dejar la facultad".

Por aquel entonces Estusha tenía apenas cuatro añitos de edad. "Su apasionamiento por escribir le dio de un día para otro", recuerda Arditti. Era 1972, posiblemente. Desde entonces y hasta 1994, el año de su desaparición, Jacobo Grinberg escribió más de 50 libros. Sus obras solían ser breves, pero su fiebre escritural no deja de ser un portento para un académico de tiempo completo, viajero incansable, que pasaba parte de su tiempo buscando financiamientos para la investigación o tomaba algún empleo ocasional para completar sus ingresos.

"En ocasiones podía escribir durante horas y sentirme fresco en lugar de cansado", recordaba el propio Grinberg en el libro dedicado a Pachita. Y sí: llenaba agendas con su letra pequeñita que luego pasaban a máquina sus asistentes de investigación. Escribía cuatro libros simultáneamente y se aventuró a diversos géneros. Libros de texto para estudiantes, tratados científicos; pero también cuentos y novelas de ciencia ficción, poemas y su volumen autobiográfico, una honesta revisión de sí mismo —a veces quizá demasiado severa— que recuerda a las *Confesiones* de San Agustín.

"Se sentaba durante horas, todo lo escribía en manuscrita y nunca corregía, o mínimamente", añade Arditti, testigo de su súbita conversión a escritor. Primero empezó con cuentos: "Sus cuentos son sueños de libertad —me dice—, de encontrarse a un sabio en una cueva que le diga de qué trata la vida y el cosmos. Y tuvo una evolución hasta novelas más complejas como *Los cristales de la galaxia*, completamente integrada a la teoría sintérgica".

De joven se bebió a los grandes autores de ciencia ficción. Todos, dice Arditti: Asimov, Clarke, K. Dick, Le Guin…

A veces dictaba sus textos en casetes que luego transcribían sus asistentes de investigación. Los martes eran sus días de escritura en el laboratorio. Además, se encerraba en su cabaña del fraccionamiento Los Robles, en Ahuatlán, Morelos, a poner sus ideas en negro sobre blanco. Entre sus discípulas corrió la idea de que podía escribir un libro en una sola noche.

Aprendió a jugar con las palabras, como lo fue con la creación del nombre de su teoría sintérgica. Con las metáforas puestas al servicio de la ciencia, la noche estrellada le hacía pensar en una red neuronal: las estrellas hacían sinapsis unas con otras. El cosmos como un gran cerebro pensando: pensándonos. Lo mismo imaginó del planeta: si la Tierra es un ser viviente —como estaba seguro que era—, ¿en dónde estaría su mente? ¿Dónde guardaría sus recuerdos? Alguna vez hizo esta pregunta frente a sus colegas del laboratorio y Amira Valle aventuró una respuesta: en el mar, ahí está la memoria de la Tierra. Grinberg asintió.

Los delfines

Jacobo Grinberg nadando con delfines. Esa es la última imagen que Amira Valle y Leah Bella Attie guardan de su maestro, en noviembre de 1994. Querían probar si era posible que los cerebros de los niños con autismo y los cerebros de los delfines experimentaran el potencial transferido. Habían conseguido gorritos con electrodos adaptables a los mamíferos marinos del parque acuático Atlantis, en el Bosque de Chapultepec. Como Attie estaba embarazada, se quedó en la orilla. Amira, Jacobo y Terita —su última esposa— se lanzaron al acuario con trajes de neopreno. Todo iba bien hasta que un delfín atacó a Terita y la obligó a salir de la alberca. La jornada de nado con delfines terminó con un regusto amargo.

Tres décadas después, estos sucesos se leen como una señal de mal augurio o, quizá, un asomo de advertencia interespecie. ¿Qué percibió aquel delfín de lo que ocurría con Grinberg?, se pregunta Attie.

"La conocí en una reunión, vestida al estilo iraní y con unos ojos rasgados que le daban una apariencia extraña. Más rara me pareció su conducta y su lenguaje", escribió el científico en su autobiografía. Poco antes de conocerla, Grinberg había visitado a un quiromanciano que había leído las líneas de su mano. Le dijo que "estaba a punto de conocer a [su] verdadera compañera... y que sería mi última oportunidad de formar una relación estable", como escribió Grinberg en *La batalla por el templo*. Grinberg decidió creerle y se casó con Teresa Mendoza, *Terita*, la mujer que ha sido señalada como sospechosa de colaborar en su desaparición.

En las vísperas del 12 de diciembre de 1994 —cumpleaños de Jacobo Grinberg— lo esperaban en casa de Luis Schettino —uno de "los cuatro sintérgicos"— para celebrar sus 48 años, pero nunca llegó. Su familia también le había preparado una comida que se quedó sin cumpleañero.

Las alertas tardaron algunas semanas en encenderse, porque Grinberg y Teresa tenían un viaje programado a Campeche y luego otro a la India. La policía de investigación descubriría después que ni siquiera habían comprado los vuelos. Nunca se volvió a saber de Jacobo Grinberg.

Hay distintos puntos de vista sobre los últimos meses del científico y en particular del papel de Terita. Sam Quiñones, periodista estadounidense que se interesó por el psicofisiólogo tres años después de su desaparición, afirma que 1994 había sido un buen año para el investigador. Los experimentos sobre potencial transferido eran prometedores; Grinberg los había llevado a un congreso internacional y había regresado *radiante*. Estaba feliz porque recibió noticias de que el libro *Pachita* sería traducido al inglés. En efecto, tenía problemas con Terita, pero se debían a que ella quería tener hijos y Jacobo no. Salvo eso, "Grinberg tenía todas las razones para estar con Terita".

Otros indicios apuntan a que Grinberg y Terita mantenían una pésima relación. A su hermano Jerry, Grinberg le había dicho que tenía miedo de su pareja y prefería dormir en una combi (testimonio dado al cineasta Ida Cuéllar). La desaparición sigue sin aclararse. El documental *El secreto del doctor Grinberg* (Ida Cuéllar, 2020) especula con la hipótesis de que la Agencia Central de Inteligencia de Estados Unidos (la CIA) secuestró a Grinberg —posiblemente— para usar sus descubrimientos con propósitos militares. La película de Cuéllar apunta a que Terita pudo haber colaborado en la desaparición.

A principios de diciembre de 1994, sonó el timbre del teléfono en el laboratorio. Ruth Cerezo, una de "los cuatro sintérgicos", tomó la llamada. Era Terita, quien le informaba escuetamente que ya no esperaran a Jacobo durante el resto del mes. Pero pasó el tiempo y, al no recibir señales de vida, la familia y amigos de Jacobo acudieron a las autoridades. La Procuraduría General de Justicia del Distrito Federal asignó al comandante Clemente Padilla como responsable de la investigación. Padilla estableció que Grinberg había desaparecido contra su voluntad, pero nunca lo encontró y apuntó hacia Teresa como sospechosa. Hasta el día de hoy el caso sigue sin aclararse.

Los recuerdos de Valle y Attie pintan a un Jacobo Grinberg librando batallas. Una de ellas con Terita: Jacobo llegaba alterado al laboratorio "especialmente después de pelearse con Teresa, y perdía por completo el control, [estaba] en mucha turbulencia emocional", escribieron en el manuscrito inédito *Anécdotas de laboratorio*.

La desaparición de Grinberg dejó en la orfandad a varios de sus colaboradores. "Cuando él desaparece canibalizan el laboratorio: todo el mundo se pelea por las cosas porque teníamos lo mejor de lo mejor", dice Delaflor. Valle y Attie acusan que aquellos colegas que menospreciaban su trabajo se apropiaron de las computadoras y los sofisticados aparatos de su laboratorio, que quedó clausurado. A Estusha se le permitió sacar objetos personales de su papá, pero las investigaciones, los *papers*, los proyectos quedaron interrumpidos y abandonados.

Desde entonces, la familia de Jacobo Grinberg se ha encargado de resguardar y difundir su legado. Lizette Arditti, en su momento, fue la creadora de las portadas originales de los libros de quien fuera su primer esposo. Su hija, Estusha Grinberg, gestiona la página web oficial: jacobogrinberg.com. Ella es una de las representantes más importantes del género World Music en México, y musicalizó el libro de poemas *Cantos de ignorancia iluminada* de su padre. Su página web es estusha.com. Nicolás Mesnage, yerno de Jacobo, ha sido un promotor infatigable de los libros de Grinberg, al ser el primero en digitalizarlos y ponerlos de vuelta al alcance del gran público. Jacobo Grinberg tiene hoy dos nietas —a las que no conoció—, Ixchel y Leilani. Esta última es la autora del retrato que acompaña este texto. La Biblioteca Jacobo Grinberg que se publicará en Debolsillo forma parte de este esfuerzo por mantener el legado del científico mexicano.

En internet circulan fantásticas hipótesis: que lo secuestraron los ovnis, que se transformó en el Subcomandante

Marcos del EZLN o que llegó a un estado meditativo tan elevado que simplemente se evaporó. Una de las teorías compara a Jacobo Grinberg con Neo, el personaje de la película *The Matrix* (hermanas Wachowski, 1999). La *matrix* es un programa de realidad virtual en el que todos vivimos inmersos. Los robots han tomado el control del mundo y nos mantienen esclavizados, conectados a cables para extraer nuestra energía. Esos mismos cables nos conectan a *the matrix*, a la ilusión en la que creemos estar vivos, mientras somos expoliados. Jacobo Grinberg, como Neo, se ha liberado de esa matriz y es el primer hombre libre de la Tierra. Y así se propaga la leyenda, el mito del autor de culto, guía intelectual y espiritual.

Lizette Arditti anota otra hipótesis: en un país como México, con 120 mil desaparecidos, te matan —y acaso te desaparecen— por robarte el dinero de la billetera.

Juan José Sánchez Sosa dice lo que perdió la ciencia: "Lo que le haya pasado es una pérdida gigante para la psicología en particular. Iba en el camino correcto, acabaría no sé si con el Premio Nobel, pero sí con un premio importante. Hubiera encontrado los principios regulatorios de lo que vemos y decimos: 'no lo puedo creer'. Y describir cómo ocurrió: cómo es que lo vi y cómo se explica".

¿Qué diría hoy si regresara?, se pregunta Lizette Arditti. Aventura una respuesta: aprovecharía los avances tecnológicos para probar sus teorías y prestaría poca atención a la mitificación de su personaje. Arditti lo compara con el Quijote. "Jacobo podría ser un Quijote. Porque el Quijote era un congruente total: vivía su cuento". Amira Valle le escribe con cariño y nostalgia: "Te mando un beso a la lattice, donde habitas por siempre". Amira Valle, Leah Bella Attie y Manuel Delaflor tienen además un proyecto: darle continuidad a las investigaciones de su maestro y reabrir un laboratorio para volver a ellas. Su hija Estusha Grinberg pide recordarlo no solo como un gran científico, sino, también, como un hombre que dio su vida por la búsqueda de libertad.

Retrato de Jacobo Grinberg-Zylberbaum hecho por su nieta Leilani Grinberg.
leilanigrinberg.com

INTRODUCCIÓN

He dedicado 15 años a la creación y desarrollo de un novedoso cuerpo mental al que he denominado *teoría sintérgica*.

En este libro presento las bases conceptuales de este modelo de la realidad.

Durante estos años, he publicado una serie de libros y artículos de investigación que originalmente han intentado compartir la evolución de mi pensamiento, pero nunca he presentado la teoría sintérgica como un producto acabado y completo.

Este libro pretende satisfacer este anhelo y propósito de sintetizar, en un solo texto, toda una teoría que por fuerza ha de seguir perfeccionándose, pero que ya se vislumbra como sólida y fundamentada.

El origen de la teoría sintérgica fue la pregunta acerca de cómo se realiza la transformación de la actividad cerebral en experiencia sensible. La aparición de un percepto cualitativamente diferente de la actividad neuronal y distinto de los campos energéticos espaciales (la luz como tal no se encuentra ni en los campos electromagnéticos en el espacio ni en la actividad del cerebro) me intrigó y asombró en un nivel tan profundo de mi ser que decidí dedicarme íntegramente a explorar la posibilidad de explicar esta aparición, utilizando cualquier herramienta útil, desde la investigación neurofisiológica pura hasta los estudios chamánicos y místicos.

De hecho, durante estos 15 años, la búsqueda de una respuesta ante la pregunta acerca de la creación de la experiencia y la percepción me han obligado a revisar, vivir y a explorar áreas del conocimiento humano que en apariencia son similares e incluso contradictorias entre sí, pero que a la luz de la pregunta que me planteé me han parecido complementarias y mutuamente enriquecedoras.

De esta manera, estudios y concepciones de la mecánica cuántica contemporánea, aproximaciones psicofisiológicas, elementos de la mística judía y cristiana, desarrollos del budismo y del yoga hindú, y las vivencias de los chamanes mexicanos han aportado las piezas de un vital y fascinante "juego de abalorio" que al igual que en la magistral novela de Hermann Hesse ha constituido una delicia lúdica, que ahora con esta obra pretendo compartir con los lectores interesados en comprender las raíces de la creación de cualquiera y de todas las realidades posibles para la mente humana.

I

LA ESTRUCTURA DEL ESPACIO

Para el sentido común, la percepción desnuda de conceptualizaciones, el *espacio* aparece como vacío y carente de una estructura fundamental.

Esta carencia, sin embargo, es solamente aparente, puesto que depende de la incapacidad cerebral para decodificar una organización energética que sobrepasa la complejidad neuronal.

Esta incapacidad se manifiesta también en el ámbito conceptual cuando a una mente de pobre desarrollo se le presenta alguna idea abstracta que la sobrepasa o cuando la vivencia del "otro" no posee una referencia experiencial en uno mismo.

Algo similar acontece con relación a la *estructura del espacio*, la cual se presenta como invisible e incluso inexistente para la percepción.

Sin embargo, el hecho de que, a partir de una diminuta porción de espacio, sea posible decodificar una imagen visual con un contenido informacional muy elevado, indica que existe una estructura del espacio capaz de incluir esta información. De hecho, la capacidad humana de codificación espacial sugiere e indica que el contenido informacional de la totalidad del universo se representa y concentra en cada uno de los puntos del espacio. Por ejemplo, podemos percibir un cielo estrellado de miles de millones de kilómetros de extensión viéndolo a través de un pequeño orificio hecho en una hoja de papel. Lo que percibimos es la información contenida en el espacio del orificio.

Se llega a la misma conclusión a partir del uso de instrumentos ópticos de amplificación. Por ejemplo, la información de un telescopio poderoso enfocado en una galaxia distante se transforma a través del sistema visual de un astrónomo en una imagen con una gran cantidad de detalles acerca de las estrellas.

Lo que el telescopio realiza es amplificar la información que interactúa con su espejo en el espacio del observatorio por lo que la información de los objetos distantes se encuentra en cada zona de ese espacio. Desde el mismo punto se pueden enfocar un número infinito de objetos, por lo que ese punto contiene la información acerca de aquellos. A partir de estas observaciones se puede deducir que cada punto del espacio contiene la información total del resto de los puntos y que debe existir una estructura capaz de contener tal información.

La mecánica cuántica ha bautizado con el término *lattice* a la estructura. La lattice, *enrejado* o *celosía*, debe poseer una capacidad de inclusión informacional colosal para permitirle contener toda la información del universo en cada uno de sus puntos.

Los indios guaraníes han querido expresar la misma idea utilizando una escritura textil. Ellos tejen sus ideas expresándolas a través de telas bordadas. La tela que representa el espacio la fabrican haciendo incidir, en cada punto de la misma, los hilos del resto.

La cantidad máxima de información que es capaz de contener una estructura depende principalmente de su capacidad vibracional. Por ejemplo, mientras mayor sea la frecuencia a la que pueda vibrar un campo energético, mayor será la información que logre acarrear y contener. Desde este punto de vista, la lattice del espacio debe ser capaz de vibrar a frecuencias infinitas, en cada uno de sus puntos.

Por otro lado, la cantidad de información que una estructura es capaz de contener depende de la cantidad de dimensiones que incluya. Un plano, por ejemplo, es capaz de contener menor cantidad de información que un objeto tridimensional.

Desde este punto de vista, la estructura fundamental del espacio o la lattice del mismo debe estar situada e incluir una cantidad enorme de dimensiones.

Podríamos deducir, a partir de las consideraciones anteriores, que la estructura de la lattice del espacio consiste en una matriz de capacidad vibracional colosal y de múltiples dimensiones en la cual la información de su totalidad converge en cada uno de sus puntos.

Otra de las características de la estructura de la lattice, deducida a partir de nuestra percepción, es que, al modificar una porción de esta estructura, esta modificación afecta a cada uno y a la totalidad de sus puntos. Por ejemplo, podemos observar la explosión de una supernova desde cualquier zona del espacio utilizando un instrumento con el suficiente poder. De la misma forma, el vuelo de un insecto puede ser visto desde cualquier punto de un paraje por lo que el cambio ejercido sobre una zona de la lattice debe, por fuerza, afectar y modificar el resto de sus porciones. Desde este punto de vista, la lattice debe poseer una estructura parecida a la de un superconductor de total fluidez y capacidad de interacción entre todos y cada uno de sus elementos.

Además de lo anterior y también deducido a partir de nuestra percepción, la estructura de la lattice es no vacía en toda su extensión y en cada uno de sus puntos. Por ejemplo, movámonos en cualquier dirección del espacio o situémonos en cualquiera de sus localizaciones y nunca nos encontraremos con una zona en la cual desaparezca la imagen resultante de la decodificación de la lattice. Por lo tanto, la lattice ocupa todo el espacio sin zona de ausencia de la misma.

De lo anterior se deduce que la estructura de la lattice es la de una matriz superconductora de múltiples dimensiones, sin zonas de discontinuidad, con una capacidad vibracional colosal y una organización de convergencia total en cualquiera de sus puntos.

Otra de las características de la lattice, también deducida a partir de nuestra percepción, es que la información contenida en su estructura puede ser decodificada como un continuo. Cuando, por ejemplo, nos movemos en una dirección, las imágenes se funden unas con las otras dándonos la sensación de continuidad perceptiva. Por supuesto que esa continuidad depende de las características de nuestro procesamiento cerebral el cual actúa como una especie de "pegamento de la realidad" pero también refleja una continuidad informacional básica contenida en la estructura fundamental de la misma lattice.

Otra de las características de la lattice es que posee la capacidad de modificar su propia estructura en diferentes escalas temporales. Un neutrón es una modificación de la estructura básica de la lattice con una fijeza y permanencia mayor que un mesón. De la misma forma, una roca es una distorsión de la lattice con mayor duración que la flama de una vela.

Ya veremos más adelante que un pensamiento o una emoción también afectan la estructura de la lattice y son distorsión de la misma estructura al igual que lo que denominamos un objeto materia macroscópico o una partícula elemental macroscópica.

La permanencia temporal de una distorsión de la lattice depende, entre otras cosas, de la recurrencia de la misma y de si su estructura coincide con algún modo de organización natural de la lattice.

Una zona de la lattice en la cual no existan distorsiones debe ser totalmente homogénea y coherente. Desde el punto de vista perceptual, este polo de total coherencia aparece como invisible y vacío de objetos. En él, un instrumento capaz de detectar algún índice gravitacional mostraría una ausencia de esta fuerza, lo que indica una falta de curvaturas del espacio.

En cambio, en una zona de la lattice con distorsiones locales, nuestra percepción detecta la presencia de objetos y el instrumento gravitacional mostraría la presencia de gravitación, lo que indica la existencia de curvaturas del espacio. En ese polo de la lattice la coherencia es menor que en la lattice en su estado básico no distorsionado.

Un ejemplo perceptual que detona las diferencias de coherencia de la lattice se vislumbra en el llamado efecto de "movimiento relativo" entre objetos distantes y cercanos a un observador. Los objetos lejanos con respecto a un observador permanecen fijos y parecen seguir su movimiento (obsérvese la luna desde un automóvil en movimiento). En cambio los objetos cercanos al punto de observación no permanecen fijos y cambian de posición relativa al movimiento del observador (la carretera o los árboles cercanos al automóvil).

Lo anterior se explica considerando que la información acerca de objetos lejanos se representa (en el espacio con el cual interactúa el observador) en forma más coherente que los cercanos, de tal forma que, en cada punto de interacción, la información de objetos lejanos parecería estar duplicada y por ello su percepción desde cualquier punto es la misma. En cambio, la representación informacional (en la zona de interacción con la lattice) de objetos cercanos al observador no es coherente y por lo tanto cada punto contiene diferente organización informacional y por ello la apariencia perceptual es de cambio relativo al movimiento del observador.

Las diferencias de coherencia en la organización informacional de la lattice se asocian con los niveles de convergencia de la información de cada punto. En una zona hipotética de máxima coherencia de la lattice, lejana de cualquier distorsión, cada punto contiene la información total del universo distribuida coherentemente, porque en esa zona la convergencia informacional es máxima. En cambio, en los puntos de la lattice cercanos a distorsiones de su estructura, los ángulos de convergencia de diferentes distorsiones cambian dando lugar a una disminución de la similitud de la organización informacional de esos puntos y por lo tanto una menor coherencia. De hecho, nuestro sistema nervioso detecta los cambios de coherencia de la lattice manifestándolos ante nuestra percepción como sensaciones de acercamiento o alejamiento con respecto a objetos y como la percepción de velocidad y aceleramiento.

A las zonas de la lattice de mayor coherencia la teoría sintérgica las denomina *zona de alta sintergia*, mientras que a las zonas de menor coherencia las llama *de baja sintergia*. El término *sintergia* es un neologismo derivado de las palabras *síntesis* y *energía*.

El polo de mayor sintergia de la lattice posee una estructura de máxima coherencia, densidad informacional, convergencia y homogeneidad, y no pueden detectarse en él ni cambios gravitacionales ni objetos discretos. Esto último es así porque la gravitación y la materia se asocian con distorsiones de la organización básica (coherencia) de la lattice.

En cambio, el polo de baja sintergia de la lattice (lo que percibimos como materia sólida) posee una estructura de mínima coherencia, baja densidad informacional, mínima convergencia y homogeneidad, y se detectan en él fuerzas gravitacionales.

La lattice en su estado fundamental posee una capacidad potencial asombrosa de modificación. Todas y cada una de las partículas elementales y de los campos y fuerzas descritas por la física contemporánea surgen a partir de las posibles distorsiones que la lattice es capaz de asumir. De esta forma, un electrón, un protón, un neutrón o cualquier otra partícula elemental aparece a la existencia cuando la misma estructura básica de la lattice sufre modificaciones específicas. A esto se debe que las partículas elementales y en general toda materia posean una naturaleza dual onda-corpuscular. Una partícula es simultáneamente un "objeto independiente" y separado del resto de los objetos y una porción modificada de la misma estructura fundamental.

En el budismo, esta dualidad se conceptualiza bajo la denominación de *sunyata* o *vacío*. Este concepto implica la consideración que ningún objeto posee existencia absoluta e independiente sino que forma parte de una matriz de interrelaciones y por lo tanto se "alimenta" del resto con el cual se interconecta y del cual depende su existencia.

La lattice muestra las mismas características. Todo se encuentra entrelazado dentro de su estructura y todo objeto y materia surge de modificaciones o distorsiones específicas de la misma manifestando una existencia interdependiente con el resto de los objetos. Ya veremos más adelante que ni la experiencia individual, el cuerpo o el cerebro escapan a esta condición de vacío o sunyata.

Por lo tanto, la lattice posee la capacidad potencial de manifestarse en múltiples condiciones e infinitas formas siendo esta capacidad otra de sus características básicas.

La estructura capaz de lo anterior debe consistir de algún "material" absolutamente "plástico" en el sentido de su capacidad infinita de asumir diferentes formas.

Ahora bien, antes mencionaba que una de las características de la organización de la estructura de la lattice es su continuidad. Esta continuidad, sin embargo, existe solo parcialmente y en el interior de lo que se podrían denominar *bandas discretas de organización*. Existen familias de distorsiones de la lattice y estratos cuánticos de su organización distribuido en niveles discretos. A estas bandas la física las denomina *fuerzas* y de ellas se han descrito cuatro:

1) Fuerza gravitacional
2) Fuerza de interacción débil
3) Fuerza de interacción fuerte
4) Fuerza electromagnética

Cada una de estas fuerzas o campos son particulares familias de distorsión fundamentales de la lattice.

Dentro de cada banda hay continuidad, pero de una a la otra existe un paso abrupto. En este texto y como parte de la teoría sintérgica, a estas bandas, fuerzas, o campos los denominaré *bandas sintérgicas*. La consideración de las bandas sintérgicas es esencial para entender la existencia de los niveles también discretos de la conciencia, porque cada nivel de la conciencia se asocia con una banda sintérgica.

El desconocimiento de sunyata ha llevado a la mente occidental a olvidar que entre la realidad y su percepción existen variados y complejos procesos de transformación por parte de la maquinaria neuronal. De esta forma confundimos el producto de estas transformaciones con su origen. Consideramos, por ejemplo, que existe un mundo exterior a nosotros con objetos desligados de nuestro procesamiento cuando en realidad intervenimos activamente en la creación de la realidad perceptual y no estamos desligados ni de los objetos que percibimos ni de los seres vivos con los cuales interactuamos. La realidad es una, pero como bien lo dice Ken Wilber, la dividimos con fronteras de separación que dependen del nivel de conciencia en el cual funcionamos y no de la realidad en sí.

Nuestro sistema cerebral interactúa con una porción limitada de la lattice a través de sus órganos receptivos. Esta porción de la lattice es transformada en un lenguaje neuronal y después de varias transformaciones que se explicarán más adelante se crea una imagen perceptual que siempre es una representación y no la realidad en sí. Para poder acceder a esta realidad deberíamos primero colocarnos en *conciencia de unidad*, borrar todos nuestros filtros, historia personal y condicionamientos. Como esta posibilidad raramente se actualiza, la realidad que percibimos la confundimos con *LA realidad*. De esta forma, como el espacio (para nuestra percepción limitada) se nos presenta como invisible y los objetos como separados y autónomos, consideramos que la realidad está constituida por objetos externos a nosotros y con existencia absoluta cuando en verdad ni los objetos son autónomos e independientes ni el espacio es inexistente. Podríamos incluso solidificar el espacio o desmaterializar objetos tal y como lo hacía Milarepa, el legendario poeta tibetano, o lo realizaran algunos de los más poderosos chamanes-nahuales mexicanos.

No sabemos qué es lo que se encuentra fuera de nosotros mismos ni qué es lo que nos estimula. Conocemos únicamente el producto final de nuestro procesamiento cerebral pero lo confundimos con la realidad en sí. Basta recordar que en un punto del espacio se concentra la totalidad de la información del universo y que nosotros decodificamos en forma parcial esa información y a partir de allí construimos nuestros perceptos para darnos cuenta de que lo que percibimos es una creación humana limitada y que las cualidades que le adjudicamos a la realidad resultan de una interacción restringida con la lattice del espacio. Por ejemplo, la luz como tal no existe en la lattice, ni tampoco el sonido. El punto de la lattice que decodificamos no contiene la geometría de la imagen que resulta de su procesamiento cerebral tal y como se nos presenta a la percepción. El punto de la lattice que decodificamos es un conjunto colosalmente complicado de morfologías energéticas concentradas en una estructura. Allí no hay colores ni formas, ni cambios de perspectiva ni objetos externos. Es la manera como decodificamos esas morfologías y las transformamos que da como resultado lo que vemos. Desde luego que cualquier punto de la lattice contiene, en forma algorítmica, todos los elementos que más tarde hacen aparecer una imagen. Todos los detalles de cualquier percepto, todas las formas geométricas, los colores, los cambios de perspectiva y las texturas se encuentran algorítmicamente concentradas en cada punto de la lattice. Pero en su decodificación añadimos nuestra propia estructura y organización cerebral, y de la interacción entre esta y las características de la lattice surgen las cualidades (luz, sonido, textura, etcétera) que nos son familiares.

Cada punto de la lattice contiene en su estructura mucha mayor información y posibilidades de decodificación que las que nuestro cerebro logra decodificar. Dependerá del funcionamiento neuronal, la capacidad de decodificación y este funcionamiento, a su vez, está determinado y determina el nivel de la conciencia en el cual funcionamos. Por lo tanto, es el nivel de conciencia de cada quien el que determina la realidad que percibimos.

No es azarosa la forma en que decodificamos la lattice. Ya veremos más adelante que la propia organización del cerebro humano es un modelo de la lattice. Pero este modelo todavía no llega a ser idéntico al territorio que quiere representar. Únicamente cuando nos convirtamos en la lattice misma, estaremos en posibilidad de percibir la realidad tal como existe y tal como es en sí.

Esta posibilidad no es imposible y se encuentra a nuestro alcance pero actualizarla depende del logro de un desarrollo encaminado hacia la conciencia de unidad.

Este capítulo, dedicado a desentrañar la estructura del espacio y la lattice no debe dejar en la mente del lector la impresión de que la lattice es el último nivel de la realidad, o de que no existe nada fuera de la realidad de la lattice. La discusión de la posible existencia de "algo" no restringido a la lattice no puedo encararla en este capítulo, pero sí mencionarla ahora y analizarla más adelante. Por lo pronto dedicaré los siguientes capítulos al análisis de las transformaciones que nuestro cerebro ejerce sobre la lattice hasta desembocar en nuestra percepción e imágenes. Haré énfasis en la decodificación asociada al mundo visual porque de todos los niveles perceptuales es el que más ejemplifica nuestra acción sobre la lattice y las transformaciones que esta sufre.

Antes de terminar, quiero mencionar que la física contemporánea está, al igual que la teoría sintérgica, interesada en lograr entender cuál es la estructura básica del espacio. La metodología de la física es, sin embargo, diferente de la que he utilizado. Los físicos utilizan una herramienta matemática sofisticada y una serie de experimentos propios a su disciplina para arribar a sus conclusiones. Las mismas conclusiones se pueden conquistar utilizando como aquí lo he hecho un análisis basado en la fenomenología de la percepción humana y de otros organismos.

La teoría física más cercana a la concepción de la lattice es la teoría de las supercuerdas. En ella se postula que debajo de la existencia de las partículas elementales se encuentra una realidad común formada por ultramicroscópicas "cuerdas" todas ellas similares entre sí, pero que interactúan en formas diferentes, dando lugar (según el tipo de interacción de que se trate) a cada una de las partículas y las familias de partículas elementales.

La teoría sintérgica sostiene que por debajo de la realidad de las supercuerdas existe otro nivel aún menos diferenciado del cual surgen las supercuerdas, y este es el de la lattice con todas las características que he descrito.

Por último, estas características forman todavía un repertorio restringido que merece mayor indagación y análisis.

II

EL CAMPO NEURONAL Y SU ESTRUCTURA

El cerebro humano actual aparece en la naturaleza después de millones de intentos evolutivos por crear una estructura orgánica capaz de experimentar y decodificar el mayor número posible de bandas sintérgicas.

La solución "ideada" para lograr esta portentosa hazaña implicó la "invención" de una maquinaria neuronal capaz de mimetizar la estructura fundamental de la lattice. Desde luego que esta labor no fue hecha en unos pocos días sino que ha requerido miles de millones de años de experimentación.

El cerebro surgió de la misma lattice como si esta, en su excelsa y absoluta unidad, hubiese deseado crear un modelo de sí misma en el cual pudiera reflejarse y así resolver su infinita "soledad".

En la Unidad no existen acompañantes, puesto que todo está incluido dentro de la mismidad. Si un modelo orgánico de la lattice fue creado, este debía satisfacer, con plenitud, el mimetismo *latticiano*, es decir, poseer las mismas características que su origen, incluida su capacidad para volverse *único*.

Los indios mexicanos, en su envidiable sabiduría, intuyeron lo anterior, por ello en el idioma tzeltal, la palabra *educación* es *p'ij wo tes el*, cuya traducción literal es "hacer que otro se vuelva único".

Desde un punto de vista psicofisiológico, la creación del cerebro humano como modelo de la lattice procedió naturalmente y por etapas. Primero, tuvo que inventarse un superconductor biológico capaz de transmitir información sin pérdidas y con una capacidad formidable de interconectarse con otros superconductores y de concentrar información de estos.

Estos "propósitos" se cumplieron con la creación de la neurona y su axón. El cuerpo neuronal es capaz de recibir miles de contactos a través de sus dendritas, concentrar esta información aferente y enviar un código resultante a través de su axón mediante un mecanismo biológico de superconducción. El axón transmite el código sin resistencias (a través de la conducción saltatoria y del recargo de la bomba de sodio-potasio). Esta información aferente, a su vez, es enviada a otras neuronas quienes la integran a un nuevo código que es nuevamente transmitido e interconectado.

Los primeros cerebros estaban constituidos por muy pocas neuronas y por lo tanto eran muy pobres en su capacidad de mimetizar la lattice. Puesto que a través de la evolución, la única estructura constante que se ha mantenido incólume es la lattice misma, su organización actuó y sigue actuando como un punto de referencia extraordinario. Por ello, la sabiduría tibetana ha concebido una técnica de meditación: el mahamudra, cuyo objeto es la percepción directa del origen inmaculado y autorreferente de cualquier pensamiento y experiencia; es decir, el contacto con la estructura básica de la lattice.

Como resultado de una fuerza repulsiva colosal que la lattice ejerce sobre sus distorsiones, intentando hacerlas retornar a su origen, y de otra fuerza no menos poderosa pero de signo opuesto que impulsa a las mismas distorsiones a unirse entre sí y acrecentar su complejidad, y a partir de los cerebros primitivos, surge el actual cerebro humano con sus 12 millones de neuronas y con una capacidad de interconexión interna cuyas posibilidades combinatorias son similares, en número, al total de partículas elementales de todo el universo.

Se resuelve así el misterio colosal del retorno al origen a través no de la desintegración entrópica sino de la osadía de crearse a sí mismo en igualdad de condiciones que el Creador.

En este retorno se gana la posibilidad de experimentar conscientemente como individuos totales y únicos no solamente esas fuerzas manifestadas en nuestras emociones, en el misterio de la sexualidad y en la agonía del dolor, sino en todos los matices de nuestro *sensorium* y nuestra actividad mental y espiritual.

¡Ay de aquel que se niegue a fluir en la experiencia, traiciona de esta forma todo inmenso esfuerzo depositado en su creación!

El cerebro humano ha resuelto el reto de mimetizar a la lattice creando circuitos que interconectan, entre sí, a todos sus superconductores biológicos. Estos circuitos están, además, destinados a decodificar las bandas sintérgicas a través de un procesamiento que globalmente podría denominarse como neuroalgoritmización.[1]

---

[1] Un neuroalgoritmo es un patrón neuronal que concentra grandes cantidades de información en su estructura.

Por otro lado, la capacidad de experiencia cualitativa se ha resuelto a través de un mecanismo cerebral de interacción directa con la lattice al que la teoría sintérgica denomina *campo neuronal*.

La decodificación neuroalgorítmica nos permite pensar, conceptualizar, hablar y filosofar. El campo neuronal nos concede la gracia de experimentar. El sistema neuroalgorítmico es digital, el campo neuronal es analógico.

Empezaré analizando el sistema de neuroalgoritmización describiendo sus operaciones y resultantes, y después hablaré acerca del campo neuronal y su estructura.

La decodificación neuroalgorítmica

La retina humana es un mecanismo de decodificación neuroalgorítmica de la lattice y por ello la utilizaré como ejemplo.

Dotada de más de 300 millones de receptores que transforman los campos electromagnéticos de los fotones en potenciales eléctricos generados, constituida por lo menos de tres capas de células de interconexión que son otros tantos niveles de neuroalgoritmización y de un millón de axones de salida, la retina transforma una porción de la lattice en un código eléctrico en por lo menos un millón de canales de dos dimensiones el cual penetra al resto de las estructuras visuales del cerebro.

Cada axón del nervio óptico concentra, en un código eléctrico digital, la información proveniente de cientos de receptores retinianos. Estos convergen la información originada en la lattice hacia una capa de células bipolares, la que a su vez converge en una tercera capa de células ganglionares. Cada célula ganglionar recibe información de varias células bipolares, las que a su vez incorporan información de decenas de receptores.

La salida de las células ganglionares (los axones del nervio óptico) concentran en un código unificado la información que originalmente activó, en forma dispersa, a un conjunto de receptores. Cualquier código que concentra información la algoritmiza, porque un algoritmo es una fórmula o código que concentra información proveniente de diversas fuentes. El mecanismo retiniano de algoritmización crea en los axones del nervio óptico un neuroalgoritmo, el que a través de un millón de canales concentra la información proveniente de más de 300 millones de receptores.

Este código es discreto porque está constituido de pulsos eléctricos de milisegundos de duración que forman patrones temporales complejos. De esta forma, un millón de patrones digitales contienen la neuroalgoritmización de la información contenida en una porción diminuta de la lattice.

La neuroalgoritmización por convergencia hace que en una población neuronal se concentre información proveniente de un territorio celular vasto de la misma forma que un punto de la lattice concentra la información del resto de la misma.

La información neuroalgoritmizada proveniente de la retina debe decodificarse a fin de que resulte en una imagen visual. Esta labor la realiza un núcleo talámico y después la corteza cerebral.

En esta última, los procesos de neuroalgoritmización por convergencia mezclados con un procesamiento divergente continúan. Los códigos neuroalgorítmicos son capaces de concentrar en una población neuronal restringida la información de miles de millones de neuronas y de esta forma mimetizan la convergencia informacional de la lattice.

Los códigos neuroalgoritmizados del sistema visual interactúan con códigos del sistema auditivo y de otros sistemas. Estas interconexiones activan, en las cortezas polisensoriales de asociación, neuroalgoritmos de segundo y tercer orden concentrando aún más información.

Un continuo neurosintérgico del cerebro similar al continuo sintérgico de la lattice puede ser abstraído, en el cual el polo de menor neurosintergia se localiza cerca de la superficie de los receptores y el polo de alta neurosintergia se sitúa en las estructuras polisensoriales de alto nivel neuroalgorítmico. Al igual que en la lattice, el polo de baja neurosintergia cerebral es menos coherente y de mínima convergencia comparado con el polo de alta neurosintergia del cerebro.

En el polo de elevada neurosintergia se da el pensamiento abstracto, la conceptualización y el lenguaje, mientras que el polo de baja neurosintergia se asocia con procesos de mucha mayor concretización.

Al igual que en la lattice, el polo de elevada neurosintergia contiene mayor densidad informacional, vibra a mayor frecuencia, es más coherente y de mayor convergencia que en su contraparte de neurosintergia menor. De la misma forma el polo de mayor neurosintergia contiene un mayor número de dimensiones que el polo de menor neurosintergia por el carácter polisensorial del primero y unisensorial del segundo.

Un neuroalgoritmo de alta neurosintergia incorpora un mayor tiempo de procesamiento por lo que las funciones asociadas con su activación implican una expansión en la duración del presente.

Esta expansión quiere decir que en el código neuroalgorítmico de alta neurosintergia, eventos pertenecientes a diferentes órdenes temporales están incluidos y concentrados.

La complejidad de una función está directamente relacionada con su nivel neurosintérgico. Por ello los procesos conceptuales y de alta abstracción están asociados con un funcionamiento de elevada neurosintergia, puesto que implican una alta densidad informacional y potente neuroalgoritmización.

La similitud entre la estructura de la lattice y la organización del cerebro es notable y se puede constatar para cada una de las condiciones que analicé en el capítulo I, a saber:

1) **En la lattice se observa una convergencia informacional en cada uno de sus puntos.**

En el cerebro, la convergencia comienza a partir de las estructuras receptoras y se hace notable en las porciones polisensoriales de elevada capacidad neuroalgorítmica. En ellas, un código de alta inclusión concentra en forma algorítmica información proveniente del resto del sistema.

2) **La modificación de cualquier porción de la lattice afecta y se representa en todos y cada uno de sus puntos.**

En el cerebro, Schwartz y Ramos realizaron un experimento en gatos con el cual demostraron que los patrones de respuesta unicelulares en neuronas registradas en diferentes porciones del cerebro se modificaban correlativamente con el aprendizaje. Este experimento indica que la modificación de la información se representa en todas las unidades del cerebro. Los experimentos de E. Roy John también apoyan esta conclusión. De esta forma, al igual que en la lattice, en el cerebro la modificación de una de sus porciones afecta a todas las demás.

3) **La relación entre coherencia informacional y el fenómeno de "movimiento relativo" en la lattice también se observa en el cerebro.**

Esto último está relacionado con los procesos de neuroalgoritmización en los diferentes niveles de convergencia del cerebro. Por ejemplo, si modificamos la información de los receptores de la retina, esta alteración va a provocar una variación mayor en los códigos neuroalgorítmicos de las células bipolares que en las ganglionares. A su vez, los códigos neuroalgorítmicos de alto poder de inclusión en las estructuras polisensoriales van a sufrir los mismos cambios comparativamente a los de las células ganglionares. De hecho, los procesos de conceptualización y de abstracción ligados a las respuestas de las estructuras de análisis polisensorial mantienen una constancia a pesar de los cambios de entrada informacional. Esto ha sido demostrado experimentalmente por Grinberg-Zylberbaum, J. y E. R. John.[2]

---

[2] Grinberg-Zylberbaum, J. y E. Roy John, "Evoked potentials and concept formation in man", *Physiology and Behavior*, 27: 749-751, 1981.

Se podría postular que los niveles más poderosos de neuroalgoritmización en el cerebro se asocian con funciones yoicas de alta constancia, constancia que es similar a la de la representación informacional homogénea y de alta coherencia de objetos muy alejados de un observador.

4) **En todo momento existe actividad neuronal en un cerebro vivo, aun durante el sueño profundo o en el silencio de los estados meditativos.**

Por ello no existen discontinuidades de vacío o ausencia de actividad en el cerebro de la misma manera que en la lattice no existen zonas vacías de información.

5) **La lattice muestra una plasticidad colosal en el sentido de que a partir de su estructura básica se activan distorsiones en número infinito.**

El cerebro muestra una capacidad similar de modificación y plasticidad. Basta recordar la cantidad de detalles de las imágenes oníricas o la posibilidad creativa en el arte.

Cuando, por ejemplo, a alguien se le pide recrear una imagen de un evento del pasado a partir de una orden verbal, se puede asumir la ocurrencia de varios procesos encadenados para que ocurra. En primer lugar, la transducción del sonido en códigos neuronales; en segundo lugar, la neuroalgoritmización de esos códigos; en tercer lugar, la activación de alguna estructura polisensorial, y por último, la síntesis de algún neuroalgoritmo polisensorial de alto poder y la activación de una imagen visual asociada con la decodificación divergente de este neuroalgoritmo.[3] El hecho de que el cerebro sea capaz de representaciones internas en número prácticamente infinito se asemeja a la capacidad también infinita de la lattice de distorsiones en diversas formas.

6) Había mencionado que **para la lattice existen distorsiones con una duración temporal variable** desde las prácticamente instantáneas, como sería el caso de algunas partículas elementales con una vida media infinitesimal, hasta un protón o un neutrón de una duración de vida inmensa.

En el cerebro también existen patrones mnémicos de vida corta (recuérdese aquí la memoria icónica), de vida media (la memoria de corto plazo) y de una duración enorme (la memoria de largo plazo).

Tal y como en la lattice, la duración temporal cerebral se asocia con la recurrencia de sus patrones y con la naturalidad de los mismos y su significado.

7) **Existen diferentes niveles de coherencia cerebral de la misma forma en la que estos existen en la lattice.**

La coherencia en el cerebro es una medida de la similitud de los patrones de su actividad en las diferentes zonas de su estructura. Mientras mayor sea esta similitud, mayor será la coherencia cerebral.

Una medida del funcionamiento unificado del cerebro es la coherencia interhemisférica. En estudios

---

[3] Grinberg-Zylberbaum, J., "The retrieval of learned information. A neurophysiological convergence-divergence theory", *Journal of Theoretical Biology*, 56: 95-110, 1976.

de laboratorio[4] hemos constatado que a medida que se incrementa la coherencia interhemisférica, aumenta la sensación de unificación interna y se activan estados de silencio interno.

Los estados de elevada coherencia interhemisférica son condiciones de alta neurosintergia y parecerían corresponder con los niveles de organización de superior sintergia de la lattice en los cuales no existen distorsiones de la misma, hay ausencia de objetos y fuerzas gravitacionales: es decir, también silencio.

8) **Otra similitud entre la lattice y el cerebro es la ausencia de isomorfismos.**

En el cerebro la salida del nervio óptico activada por la estimulación retiniana es un código digitalizado de un millón de canales que no tiene semejanza ni con la imagen que resulta de su decodificación ni con la organización energética de la lattice que lo estimuló.

De la misma forma, en la lattice, la información que converge en cada uno de sus puntos no posee una semejanza directa con las distorsiones que representa.

9) Por último, **al igual que la organización de bandas sintérgicas de la lattice las cuales son continuas internamente pero discretas de banda a banda, en el cerebro existen bandas sensoriales y bandas de conciencia** que son continuas internamente pero discretas de banda a banda. Cada una de las modalidades

---

4 Grinberg-Zylberbaum, J., "Psychophysiological correlates of communication, gravitation and Unity", *Psychoenergetics*, 4: 227-256, 1982.

sensoriales (tacto, audición, vista, etcétera) corresponden a estas bandas sensoriales y cada estado de conciencia (vigilia, sueño, sueño paradójico, etcétera) pertenece a una banda de la conciencia.

Las bandas sensoriales y las de la conciencia se corresponden con diferentes niveles de neuroalgoritmización, es decir, con diferenciados grados neurosintérgicos. Por ejemplo, la banda auditiva se activa después de un procesamiento cerebral de 30 milisegundos mientras que la banda visual requiere 50 milisegundos de procesamiento. La banda conceptual necesita más de 150 milisegundos de procesamiento.[5]

Mientras mayor sea la duración de procesamiento, mayor densidad informacional existe y por lo tanto una más elevada neurosintergia.

El campo neuronal y su estructura

La estructura del cerebro en su conjunto es una macrodistorsión compleja de la lattice y su actividad distorsiona a la misma lattice que le da origen.

Cada micropotencial dendrítico y cada potencial de acción son y activan microdistorsiones de la lattice. La interacción entre todas estas microdistorsiones crea una macrodistorsión hipercompleja de la misma lattice. A esta macrodistorsión hipercompleja la teoría sintérgica la denomina *campo neuronal*.

---

[5] Grinberg-Zylberbaum, J. y E. Roy John, "Evoked potentials and concept formation in man", *Physiology and Behavior*, 27: 749-751, 1981.

El campo neuronal es un "mecanismo" de unificación de la actividad cerebral pero de tipo analógico y no digital tal y como lo es el procesamiento neuroalgorítmico. Este último también es un "mecanismo de unificación pero interno y perteneciente a la misma dimensión que la actividad discreta de todos los componentes celulares del cerebro vivo.

En cambio, la unificación del campo neuronal se produce en la dimensión energética de la lattice como campo.

Para visualizar la complejidad del campo neuronal basta considerar que cada neurona es una estructura tridimensional capaz de recibir cientos de conexiones. El potencial de membrana de cada neurona oscila y cambia de morfología cada vez que una de sus dendritas es activada. Esas oscilaciones tridimensionales de la actividad eléctrica del soma neuronal son otras tantas microdistorsiones de la lattice. Ahora multipliquemos esa imagen 12 mil millones de veces y sumémosle todos los transportes iónicos a través de los axones, junto con los campos extracelulares. Cada microdistorsión de ese cosmos neuronal interactúa con sus vecinas y estas a su vez con otras. Junto con todo lo anterior, las poblaciones de neuronas de alto poder neuroalgorítmico deben incorporar sus códigos de elevada densidad informacional al resto de las microdistorsiones, etcétera, etcétera.

El cuadro resultante es de una complejidad tal que resulta casi imposible de visualizar. Sin embargo, varias características globales del campo neuronal pueden ser clarificadas a partir de nuestro conocimiento del cerebro.

En primer lugar, el campo neuronal como un Todo puede variar sus niveles de coherencia modificando la mayor o menor similitud morfológica entre todas sus porciones.

En segundo lugar, debe existir un continuo de frecuencias posibles dentro de las cuales el campo neuronal debe fluctuar. Mientras mayor sea la densidad informacional que maneje un cerebro vivo, más elevada debe ser la frecuencia de su campo neuronal como un Todo. Un campo neuronal de alta coherencia y elevada frecuencia posee mayor sintergia que un campo neuronal de baja coherencia y menor frecuencia.

La lattice en interacción con un campo neuronal de superior sintérgia debe incrementar la suya y decrementarla cuando interactúa con un campo neuronal de baja sintergia. A su vez, un campo neuronal en interacción con una lattice de alta sintergia debe incrementar la suya, y, por el contrario, debe disminuir su sintergia al interactuar con una lattice de baja sintergia.

Por otro lado, la geometría tridimensional de los circuitos cerebrales varía de estructura a estructura y de núcleo a núcleo del cerebro. Por lo tanto, la morfología energética del campo neuronal debe reflejar esa geometría en la lattice mimetizándola. Ya en la dimensión de la lattice, el campo neuronal se incorpora a la misma y se somete a las leyes estructurales de la lattice. De esta forma, una variación de un campo neuronal debe afectar a toda la lattice manifestándose en cada uno de los puntos de su estructura.

De la misma forma, la recurrencia sostenida de cierto patrón morfológico del campo neuronal debe provocar alteraciones más o menos permanentes en la estructura de la lattice, dependiendo de qué tan congruente sea tal morfología con algún aspecto natural de la lattice.

Puesto que la lattice varía su organización sintérgica en bandas internamente continuas pero globalmente discretas y el campo neuronal también, deben existir "zonas" o bandas de interacción entre el campo neuronal y la lattice más congruentes que otras. En estas "zonas" la interacción entre ambos, el campo neuronal y la lattice, deben provocar la aparición de un patrón de interferencia limpia de ruido. En cambio, fuera de estas bandas de interacción congruente, los patrones de interferencia deben contener morfologías ruidosas y, en los casos más dispares, autoanulantes.

A las zonas de la interacción congruente entre el campo neuronal y la lattice, la teoría sintérgica las denomina *orbitales de la conciencia permitidos*. En cambio, a las bandas de interacción no congruente las denomina *orbitales de la conciencia no permitidos*.

Un campo neuronal de máxima sintergia, es decir, de coherencia absoluta y elevada densidad informacional (frecuencia), es más parecido a la estructura básica o fundamental de la lattice, esto es, a la lattice en su polo de mayor sintergia. En cambio, un campo neuronal de baja sintergia se parece más a la lattice en su polo de baja sintergia.

La lattice en alta sintergia está libre de distorsiones, curvaturas y campos gravitacionales. La lattice en baja sintergia se encuentra más cercana a la materia tal y como la percibimos.

Mientras mayor sea la sintergia de un campo neuronal, más capaz será de interactuar en forma congruente con la lattice en su estado fundamental y puro. En cambio, un campo neuronal de baja sintergia solo podrá interactuar en forma congruente con el correspondiente nivel estructural de la lattice.

Siendo el campo neuronal de naturaleza similar a la lattice, independientemente de su nivel de sintergia, diferentes campos neuronales deben interactuar entre sí creando patrones de interferencia intercerebrales.[6] A la estructura de la lattice que incorpora estos patrones la teoría sintérgica la llama *hipercampo*. **El hipercampo es la lattice que incluye en su seno a todos los campos neuronales junto con sus patrones de interferencia.**

Al igual que en el interior de un cerebro dentro del cual todas las microdistorsiones neuronales interactúan entre sí, así debe suceder en el seno de la lattice para las interacciones entre todos los campos neuronales. De esta forma, el hipercampo equivaldría a un campo neuronal planetario cuya estructura global depende de la matriz de interacciones intercerebrales.

Se podría conjeturar que la división planetaria en países, ciudades, pueblos, villas, etcétera, determina una organización hipercámpica particular, la que se representa a todo lo largo y ancho de la lattice y en cada uno de sus puntos.

El hipercampo también incorpora dentro de su estructura a los campos neuronales provenientes de cerebros no humanos. A este hipercampo la teoría sintérgica lo denomina *hipercampo expandido*.

Los mecanismos cerebrales de decodificación de la lattice también son sensibles al hipercampo humano y al hipercampo expandido. La posibilidad de decodificar la lattice y ambos hipercampos depende de la capacidad neuroalgorítmica de un cerebro. Si una "organización" sobrepasa en su sintergia a la capacidad neuroalgorítmica de un cerebro y a

[6] Grinberg-Zylberbaum, J. y J. Ramos, "Patterns of interhemispheric correlation during human communication", *International Journal of Neuroscience*, 36(1-2): 41-54, 1987.

la sintergia a la cual es capaz de funcionar su campo neuronal, esa organización no será percibida.

Solamente se percibe aquello que no sobrepasa la capacidad cerebral de neuroalgoritmización y la sintergia de un campo neuronal.

La capacidad de neuroalgoritmización depende de la existencia o no de errores de codificación. Si estos existen, esta capacidad estará limitada por ellos. Un cerebro libre de errores de codificación podrá decodificar las bandas sintérgicas que otro cerebro con errores de codificación no será capaz de decodificar.

Todas las técnicas de desarrollo de la conciencia, tales como la meditación y las prácticas psicoterapéuticas, tienen como objetivo incrementar la capacidad de neuroalgoritmización del cerebro, lo cual eleva la sintergia del campo neuronal.

Una elevación de la sintergia del campo neuronal implica una expansión de la conciencia y una incorporación a la conciencia humana de un mayor número de bandas sintérgicas. Esta incorporación es un acercamiento de la conciencia individual a la conciencia de unidad.

III

LA EXPERIENCIA COMO RESULTADO DE LA INTERACCIÓN ENTRE EL CAMPO NEURONAL Y LA LATTICE DEL ESPACIO

Paradójicamente, a partir de que el hombre adjudicó a la materia el papel que le correspondía a la conciencia como origen de todas las cosas, perdió la posibilidad de explicar su propia existencia, cuando su motivación era precisamente entenderla. No es posible comprender la experiencia sensible adjudicando su emergencia a un campo energético o a la interacción de varios campos inanimados a menos de que la dicotomía materia-conciencia se unifique y se postule a la conciencia y no a la materia como primer dato y punto de partida.

Desde este punto de vista, la conciencia es un atributo propio de la lattice y por lo tanto de todas sus distorsiones, incluyendo el campo neuronal y ambos hipercampos. También a partir de aquí se puede postular que las bandas sintérgicas son verdaderos orbitales de la conciencia.

La conciencia existe a lo largo de todos los niveles sintérgicos que la lattice es capaz de asumir, pero su cualidad depende de la complejidad, coherencia, densidad informacional de cada uno. De esta forma, **la lattice en su estado básico no distorsionado es la conciencia pura**, mientras que el hipercampo y todas sus bandas son la conciencia humana y todos sus atributos. Por ejemplo, la conciencia auditiva humana surge cuando la lattice es distorsionada por un campo neuronal que emergió de un cerebro de 12 mil millones de elementos con una densidad de interacciones que requiere de 20 a 30 milisegundos de procesamiento.

En cambio, la conciencia visual humana aparece cuando el cerebro logra activar un campo neuronal de una densidad informacional y una sintergia que necesitan un mínimo de 50 milisegundos de interacciones neuronales.

No solo la densidad informacional y el tiempo de procesamiento hacen diferente una cualidad sensorial de otra, sino también la geometría tridimensional de la estructura cerebral activada. De esta forma, el campo neuronal visual contiene la morfología tridimensional derivada de la activación de la corteza occipital; mientras que el auditivo incorpora en su estructura energética a la geometría derivada de los circuitos neuronales de la corteza temporal.

Por su morfología, densidad informacional, coherencia y su sintergia, el campo neuronal visual es capaz de establecer una interacción congruente con una organización sintérgica similar a la lattice, contenida en una de sus bandas. Al resultante patrón de interferencia de la lattice la experimentamos como el mundo visual cualitativamente diferente de la realidad sonora, la cual resulta de la activación congruente de un patrón de interferencia en otra banda sintérgica.

Las diferentes cualidades de la conciencia son conocidas únicamente por experiencia directa, pero el darse cuenta de su existencia depende de su adecuada neuroalgoritmización.

Ni la conciencia en sí puede ser definida ni sus cualidades pueden ser reconocidas a través de una explicación teórica de sus componentes energéticos. Tal intento está de antemano destinado al mismo fracaso y frustración que el que resulta de la pretensión de explicarle a un ciego lo que es la luz o un sonido a un sordo de nacimiento.

Las cualidades de la conciencia solo pueden ser conocidas a través de su vivencia directa además de por razones obvias, porque pertenecen y están situadas en un eje de desarrollo evolutivo al cual debe uno pertenecer y en el que se requiere estar situado para poder tener acceso a la vivencia de la cualidad correspondiente de la conciencia.

Este eje evolutivo posee una dirección la cual fue magistralmente explicitada por Teilhard de Chardin con los conceptos de *complejificación* y *centralidad*. Según este pensador, la evolución tiene un sentido ascendente y se dirige hacia un hipotético "punto omega" el cual actúa como un "atractor extraño del futuro ideal del hipercampo". Este mismo eje de complejificación y unificación es el que ha determinado la unión de varias partículas elementales dando lugar a un átomo, de varios átomos dando lugar a una molécula, de varias moléculas dando lugar a una proteína, de varias proteínas dando lugar a una célula elemental, de varias células resultando en un tejido, un órgano y un organismo.

El cerebro humano parecería el más reciente logro de este proceso. En él, los procedimientos de complejificación y unificación se aceleran vertiginosamente por su capacidad de neuroalgoritmización y de creación de campos neuronales de elevada sintergia.

A partir del cerebro, la naturaleza cuenta con un instrumento de incremento de complejidad y centralidad dados por un mecanismo interno, con el cual ahorra el colosal trabajo y el tiempo requerido en crear nuevas especies. El punto omega se sitúa en la lattice misma y cuando un cerebro logra mimetizarla obtendrá la ganancia colosal de la conciencia de la conciencia pura.

Se antoja pensar que el hombre decidió voluntariamente perder el "paraíso" de la unidad inconsciente con la lattice para ganar el paraíso de la unidad consciente con la misma lattice. En esta pérdida y ganancia, Dios actuó como cómplice por su "deseo" de ser acompañado por alguien de su misma osadía y altura.

El éxito en esta "aventura magistral" está todavía por verse. Las cualidades de la conciencia y sus niveles están situados en este mismo eje evolutivo en el cual la cualidad táctil apareció antes que la auditiva y esta previamente a la visual. Un organismo poco evolucionado con un cerebro primitivo es incapaz de crear un campo neuronal con suficiente sintergia como para lograr una interacción congruente con la banda auditiva o visual, la naturaleza tuvo que crear cerebros y organismos con un mayor número de elementos para lograr campos neuronales de la suficiente sintergia como para interactuar en forma congruente con orbitales de la conciencia más complejos y así activar las cualidades sensoriales correspondientes.

El hecho de que cada cualidad de la conciencia requiera de mayor tiempo de procesamiento dio lugar al incremento en la duración del presente para cada cualidad. Una imagen visual con un tiempo de procesamiento de 50 milisegundos posee una duración del presente mayor que un sonido activado después de 20 o 30 milisegundos de interacciones neuronales. La expansión en la duración del presente correlativa con el incremento sintérgico desemboca en la capacidad de unificar en un presente atemporal lo que para una cualidad de la conciencia de menos sintergia se localiza en un futuro. La unificación total implicaría la capacidad de percibir en un presente atemporal el pasado, presente y futuro de una conciencia no unificada.

Cada cualidad de la conciencia conquistada por un individuo a partir de un modo de funcionamiento sintérgico novedoso es una añadidura y no una exclusión de las cualidades previamente ganadas. De esta forma, a medida que se avanza, nuevas bandas sintérgicas son incorporadas a una conciencia cada vez más expandida cumpliéndose así el *dictum* y el propósito divino primario de lo que podría ser el "Primer Mandamiento de la Nueva Era" a saber:

"Experimentarás y decodificarás el mayor número posible de bandas sintérgicas".

En el chamanismo mexicano y en la técnica de la meditación autoalusiva este "primer mandamiento" se logra actualizar a través de la observación simultánea de un cada vez mayor número de experiencias en las diferentes áreas correspondientes a las variadas cualidades de la conciencia.

El logro de la Unidad se produce cuando el observador incorpora en un acto simultáneo de observación, todos los contenidos de la experiencia. En esta hazaña el observador se confunde con sus contenidos y desaparece la división entre ambos, lográndose así el acceso a la realidad del Yo puro. Esta es la lógica en la que se basa la técnica de meditación autoalusiva.

Karl Pribram decía en una ocasión que, no existiendo isomorfismo entre una imagen visual y el procesamiento cerebral, debería buscarse en este procesamiento algún nivel que por lo menos fuera capaz de contener los mismos detalles de la imagen resultante. Él consideraba que el nivel de micropotenciales dendríticos cumplía con este requisito.

La teoría sintérgica sostiene que el campo neuronal es el antecedente inmediato de la imagen no solamente porque es capaz de contener en su estructura todos los detalles del percepto, sino porque los unifica, y una de las cualidades de la percepción visual es la unificación. Una imagen visual es un producto acabado y unificado y si bien es cierto que ni la codificación del nervio óptico es isomórfica con la imagen ni tampoco la activación cortical lo es, debe existir un antecedente inmediato de cualquier imagen si no isomórfica con la misma, sí con la capacidad de serlo en algún nivel. De otra forma, sería imposible explicar la relación entre actividad cerebral y experiencia.

El campo neuronal se vuelve isomórfico con la imagen visual cuando su estructura interactúa con la banda sintérgica visual.

Ni la banda sintérgica, ni el campo neuronal son idénticos en forma (isomórficos) con el percepto pero el patrón de interferencia resultante de su interacción debe serlo.

Cuando dos campos energéticos interactúan, crean una estructura emergente diferente a la que posee cada uno por separado. Una imagen simple que ayuda a entender lo anterior es la de dos zonas concéntricas producidas en la superficie de un estanque. Cuando estas ondas circulares interactúan se crea una geometría compleja que deja de ser circular para convertirse en otra.

Algo similar pero de un orden de complejidad infinitamente superior debe suceder en la interacción entre el campo neuronal y la lattice. El patrón de interferencia resultante, además de ser tridimensional, posee características sintérgicas que no se encuentran ni en el campo neuronal aislado ni en la lattice por sí misma.

Si una imagen resulta de ese patrón, debe existir un momento inmediatamente previo al surgimiento de la misma en el cual la dimensión energética de la lattice asuma la misma forma que la imagen. Este isomorfismo indica que lo que vemos es en realidad el patrón de interferencia activado por nuestro campo neuronal en interacción con la lattice, por lo que no es metafórico afirmar que vivimos en el interior de una especie de burbuja de la percepción (recordando aquí a Carlos Castaneda) y que estamos inmersos dentro de nuestro propio cerebro observando la pared interna de su movimiento expansivo. Uno se pregunta si es posible una percepción desde el exterior de esta pared y cuál podría ser la imagen resultante y la respuesta se halla en la existencia misma del observador.

Ni la lattice, ni el campo neuronal como tampoco su interacción forman el último nivel de la realidad o representan una cárcel inescapable y todo abarcante.

Existe algo fuera de la existencia de la lattice y aun de los dos hipercampos y este algo es el *observador*.

IV

LOS ORBITALES DE LA CONCIENCIA[1]

La denominación *orbitales de la conciencia* se refiere a la existencia de diferentes niveles de la conciencia.

En realidad, la conciencia es una y permea toda manifestación desde la lattice en su estado básico o fundamental hasta cualquiera de sus distorsiones incluyendo el campo neuronal y ambos hipercampos. Sin embargo, el ser humano delimita la conciencia única y la focaliza y de allí resulta su división en niveles. El acceso a los diferentes niveles de la conciencia dependerá del funcionamiento individual. Este acceso es en realidad una transformación perceptual dimensional por lo que los niveles de la conciencia dependen de la percepción del observador y su identificación. Así por ejemplo, un observador capaz de identificar su conciencia individual con la estructura básica de la lattice alcanzará la conciencia de unidad. En cambio, una identificación del observador con el cuerpo orgánico activará un nivel de conciencia corporal. El acceso dimensional del observador y su

[1] Grinberg-Zylberbaum, J., "Los orbitales de la conciencia", *Enseñanza e investigación en psicología*, vol. X, 1: 55, 1984.

focalización dará como resultado su funcionamiento dentro de una matriz de relación y ella constituirá su territorio perceptual.

Parecería que el observador es capaz de percibir e identificarse con cualquiera y todos los estratos dimensionales de la organización de la lattice, lo que significa que se encuentra en sí mismo en una dimensión que incluye la propia lattice. En otras palabras, la capacidad del observador de percibir todos los niveles de la lattice, incluyendo a esta en su estado básico, implica que el observador no pertenece al universo de la lattice sino a otro independiente de ella.

Existen diferentes modelos que son otras tantas aproximaciones al análisis y descripción de los diversos orbitales de la conciencia. Todos ellos tienen en común la consideración de que los niveles de la conciencia dependen de la percepción del observador y esta del territorio con el cual se identifica.

Presentaré primero el modelo que propone el misticismo judío (la cábala), después el modelo teosófico, más adelante el modelo chamánico, después el modelo budista, el modelo de la psicología transpersonal y, por último, el modelo sintérgico.

El modelo cabalístico

De acuerdo con Gershom G. Scholem[2] en ninguno de sus sistemas, los cabalistas dejaron de afirmar la existencia de

---

[2] Scholem, G., *On the Kabbalah and its Symbolism*, Nueva York: Schocken Books, 1969.

interrelaciones entre todos los mundos y niveles del ser. Todo, según ellos, está conectado con el resto. De cualquier punto, las profundidades infinitas pueden ser contempladas. De acuerdo con el sistema de Moisés Cordovero, el ascenso del hombre hacia mundos superiores y a la frontera del "vacío" no involucra movimientos por parte suya, puesto que "en donde tú te halles, allí se encuentran todos los mundos".

De acuerdo con la cábala, "lo que se localiza abajo se encuentra arriba y lo que está en el interior se sitúa en el exterior". La cábala afirma que no solamente el Todo está contenido en cada parte, sino que también actúa sobre todo el resto. Aunque después analizaré el modelo sintérgico, no resisto aquí la tentación de hacer recordar la similitud entre estas ideas y la organización de la lattice tal y como fue descrita en el primer capítulo de este libro. De la misma forma, la consideración cabalística de que cualquier acto o pensamiento tiene un efecto sobre la totalidad tiene su demostración experimental en los efectos que el campo neuronal produce sobre la lattice, otros campos neuronales y ambos hipercampos.[3]

El modelo que postula la cábala es simultáneamente longitudinal y concéntrico. La aproximación longitudinal intenta resolver el misterio de la creación desde un principio trascendente e invisible hasta su manifestación en la acción. Este modelo tiene por lo menos seis niveles que son

---

[3] Grinberg-Zylberbaum, J., "Psychophysiological correlates of communication, gravitation and Unity", *Psychoenergetics*, 4: 227-256, 1982. Y Grinberg-Zylberbaum, J. y J. Ramos, "Patterns of interhemispheric correlation during human communication", *International Journal of Neuroscience*, 36(1-2): 41-54, 1987.

otros tantos mundos o universos. Cada universo pertenece a una dimensión distinta. Al mismo tiempo, cada universo está asociado con un "nivel del alma" y con una letra hebrea.

La siguiente tabla modificada de un estudio de Aryeh Kaplan[4] presenta las relaciones que la cábala propone entre los niveles del alma, los universos y las letras hebreas:

Niveles del alma	Universo	Letra
	Ein Sof-Sin Final	
Yejidah-Esencia única (singularidad)	Adam Kadmon-Hombre arquetípico	
Jai-Esencia viva	Atzilut-Emanación	Yud
Neshamah-Pneuma (aliento)	Beriya-Creación	Hei
Ruaj-Espíritu	Yetzirah-Formación	Vav
Nefesh-Alma	Asiyah-Acción	Heí

El universo del Adam Kadmon es el del hombre primigenio o arquetípico. El Adam Kadmon representa a lo humano en su origen o estrato de mayor abstracción. No es, en realidad, el primer nivel trascendente sino una manifestación, extraordinariamente elevada de aquel. Por arriba de Adam Kadmon, la cábala sitúa el Ein Sof cuya traducción sería el "Sin Final" ligado íntimamente con Dios. El nivel del alma asociado con el Adam Kadmon es Yejidah,

[4] Kaplan, A., *Meditation and Kabbalah*, Maine, EE. UU.: Editorial Samuel Weiser, 1982.

cuya traducción literal es "singularidad" y que constituye la "esencia única" y lo que no puede dividirse y es Uno. Así como del Ein Sof proviene el Adam Kadmon, de este último surge Atzilut que es lo de mayor cercanía al hombre arquetípico y que se asocia con el nivel del alma Jai, la "esencia viva" o "lo viviente".

En el judaísmo, el nombre de Dios "Yehova" se escribe con cuatro letras, la primera de las cuales, Yud, corresponde a la *I* latina, y pertenece al universo de Atzilut o "emanación" y al nivel del alma Jai o lo viviente.

De Atzilut surge la "creación" o el universo de Beriya asociado con el nivel de Neshamah o "pneuma" y con la siguiente letra del nombre de Dios, Heí, que corresponde a la letra latina *H* o *J*. De esta forma, la singularidad de Yejidah, que a su vez se transforma en lo viviente o Jai, desemboca en Neshamah o pneuma.

Hasta antes de Neshamah, los niveles del alma eran impersonales. Neshamah, asociada con el universo de Beriyah o creación, comienza a pertenecer a un individuo específico y es, por así decirlo, su envoltura o cuerpo más sutil, su contacto entre lo personal y lo transpersonal, entre lo divino y lo humano.

A partir de Beriyah surge Yetzirah, "formación", es decir: lo creado en Beriyah comienza a adquirir forma en Yetzirah. Esta formación parecería corresponder con la primera activación de una distorsión del espacio, y la letra del nombre de Dios correspondiente es la Vav o *V* latina. El nivel del alma correspondiente es Ruaj o "espíritu", y podría pensarse que es el mecanismo que al actuar distorsiona el espacio. Antes de Ruaj no hay distorsiones. Por último, después de la formación se da la "acción" en el universo de Asiyah, el cual corresponde con la última letra del nombre de dios, Heí, y con el nivel Nefesh o "alma".

Las cuatro letras del nombre de Dios, Yud, Hei, Vav, Heí, forman el Tetragrámaton y son un verdadero sistema algorítmico que contiene el esquema de la *creación* a partir de *lo viviente* hasta su manifestación en la *acción*.

Cada nivel de la conciencia está dado por la identificación del observador con cualquiera de los cinco posibles estratos del alma, desde Nefesh o "alma individual" hasta Yejidah, la "singularidad primigenia".

Este modelo cabalístico es longitudinal porque cada nivel del mismo proviene o nace de un precedente y da lugar a un consecuente en una cadena que comienza en una *singularidad*, la que adquiere *vida*, *pneuma*, *espíritu* y por último *alma*.

El modelo concéntrico de la cábala se conoce como Esquema de las Sefirot, de donde se han descrito 10 sefirá, que forman el "árbol de la vida".

Cada sefirá es un atributo o cualidad de la conciencia y constituye una emanación a partir del Ein Sof. El modelo longitudinal está imbricado dentro del concéntrico porque cada sefirá se manifiesta a través de un proceso de *emanación*, *creación*, *formación* y *acción*. Este proceso se logra experimentar utilizando técnicas cabalísticas de meditación. Por ejemplo, el rabino Joseph Tzayech ideó una meditación en colores en la cual la concentración sostenida en un color específico (asociado con una sefirá) activa la cualidad de la conciencia de esa sefirá.

Otra técnica consiste en concentrar la atención en el nombre hebreo de la sefirá o en sus atributos hasta que estos se comienzan a experimentar.

Algunos cabalistas han asociado las diferentes sefirot con las partes del cuerpo humano.

La siguiente tabla[5] contiene el nombre hebrero de cada sefirá, su traducción y el color asociado.

Sefirá	Color
Keter-Corona	Blanco
Jojmah-Sabiduría	Un color que incluye a todos los colores
Binah-Entendimiento	Amarillo y verde
Jesed-Amor	Blanco y plateado
Gevurah-Fuerza	Rojo y dorado
Tiferet-Belleza	Amarillo y púrpura
Netzaj-Victoria	Rosa claro
Hod-Esplendor	Rosa oscuro
Yesod-Fundamento	Anaranjado
Maljut-Reino	Azul

Los extremos de las sefirot, Keter y Meljut, se refieren a dos niveles también extremos de la conciencia. Keter lo más elevado y Maljut su manifestación. El modelo de las sefirot es concéntrico porque cada sefirá está contenida dentro de la siguiente como las capas de una cebolla. Sin embargo, también es longitudinal en el sentido de que existen conexiones lineales entre cada capa. Más aún, cada universo desde Atzilut hasta Asiyah se puede dividir en 10 estratos correspondientes con la sefirot de tal universo.

---

[5] Kaplan, A., *Meditation and Kabbalah*, Maine, EE. UU.: Editorial Samuel Weiser, 1982.

La cábala considera la existencia de un centro luminoso ligado al Ein Sof cuya "luz" alumbra cada sefirá en cada universo. Dependerá de la limpieza interna del individuo, qué tanta obstrucción exista entre su conciencia y la luz. Mientras menos "suciedad interna" exista mayor será la luminosidad que llegue y viceversa; un individuo con una problemática interna intensa actuará como poseyendo "velos" de obstrucción para la luz. En esta concepción, cada sefirá es una emanación de la luz del Ein Sof.

La mayoría de las técnicas prácticas de la cábala, si no es que todas, tiene como finalidad la purificación de los velos, de tal forma que la luz no encuentre obstrucciones.

A su vez, cada sefirá actúa y es una especie de "vasija" o contenedor de un atributo de la luz proveniente del Ein Sof. Cada una de estas vasijas, al ser llenadas por la luz, activa un atributo o cualidad de la conciencia.

Una similitud entre esta concepción y la teoría sintérgica es la existencia de las bandas sintérgicas, siendo la luz y los velos la necesaria sintergia que un campo neuronal debe poseer para establecer una interacción congruente y limpia con alguna banda sintérgica y así activar la experiencia consciente asociada con los atributos de esta.

De acuerdo con la cábala y en concordancia con la teoría sintérgica, la luz jamás desaparece, pero los velos de obstrucción pueden llegar a filtrar tanto que su luminosidad podría no ser suficiente como para llenar alguna vasija.

En la teoría sintérgica se considera que las bandas sintérgicas siempre existen "esperando" que algún campo neuronal adquiera el poder sintérgico suficiente como para interactuar en forma congruente con ellas.

El modelo teosófico

La teosofía tiene su origen contemporáneo en los escritos de madame Blavatsky,[6] quien fundó esta corriente de pensamiento que fue enriquecida por los estudios de Annie Besant y Leadbeater, entre otros.

Según la teosofía, poseemos diferentes cuerpos, cada uno de los cuales está asociado con un nivel de la conciencia. Estos cuerpos son siete en número: *1)* el físico, *2)* el etérico, *3)* el astral, *4)* el mental, *5)* el espiritual, *6)* el cósmico y *7)* el nirvánico.

De acuerdo con Rajneesh,[7] no solamente la conciencia es diferente en cada uno de los cuerpos, sino también la cualidad y los contenidos de los sueños.

La conciencia variará dependiendo de la identificación del observador con alguno u otro de los cuerpos. Es importante mencionar que la denominación *cuerpo* se refiere a una organización o estructura perteneciente a cierta dimensión del espacio. La existencia de siete cuerpos implicaría la también existencia de siete dimensiones.

Un procedimiento experimental que ejemplifica la existencia de estructuras pertenecientes a diferentes dimensiones es la cimática.[8]

En ella se crean patrones bidimensionales cuando un polvo fino colocado sobre una placa metálica es puesto a vibrar por un sonido de determinada frecuencia. Cuando la frecuencia del sonido se incrementa lo suficiente, el patrón

---

[6] Blavatsky, H., *The Secret Doctrine*, Pasadena California: Theosophical University Press, 1888.

[7] Rajneesh, *Psicología de lo esotérico*, Chile: Cuatro Vientos,1980.

[8] Jenny, H., *Cymatics*, Basilius Presse Basel, 1974.

se vuelve tridimensional. Tenemos, pues, aquí dos cuerpos dimensionales que resultan de la interacción (en diferentes frecuencias) entre un campo vibracional y un medio, un cuerpo bidimensional y el otro tridimensional.

Los cuerpos teosóficos parecen situarse en esta misma condición de ser estructuras estables localizadas en diferentes dimensiones. Ya veremos más adelante que las bandas sintérgicas y su interacción congruente con campos neuronales pueden ser concebidos desde una perspectiva similar. De la misma forma podrían ser entendidas las sefirot, los universos cabalísticos y los niveles del alma.

El primer cuerpo es el *físico* y su estructura es orgánica. Su órgano de pensamiento y experiencia es el cerebro tal y como lo conocemos. Está limitado por el tiempo y el espacio y es una distorsión hipercompleja y estable del espacio. Su nivel de conciencia es tridimensional.

El segundo cuerpo, *etérico*, es, según la teosofía más sutil que el físico y permanece invisible para este. Es capaz de viajar a través del espacio saliéndose, por así decirlo, del cuerpo físico, y su percepción es más directa y sutil que la de este puesto que no requiere de receptores orgánicos para decodificar la estructura de la lattice. La acción perceptual del cuerpo etérico podría explicar la visión extraocular en la cual niños entrenados son capaces de percibir el mundo visual sin el uso de sus receptores retinianos.[9]

El cuerpo etérico está más ligado al campo neuronal y a la lattice y posee una estructura propia más energética que celular.

---

[9] Grinberg-Zylberbaum, J., "Extraocular visión", *Psychoenergetics*, 5: 141-158, 1983.

Los sueños del cuerpo físico están en correspondencia causal con la actividad cerebral y pueden ser estimulados activando los mecanismos receptores orgánicos. En cambio, los sueños del cuerpo etérico corresponden a estímulos también etéricos localizados en la estructura del espacio. De esta forma alguien puede soñar que vuela y en realidad lo hace porque los movimientos del cuerpo etérico no se encuentran ligados o restringidos por la gravitación espacial.

De acuerdo con Rajneesh[10] las así llamadas *visiones espirituales* corresponden al cuerpo etérico y son sueños etéricos.

El cuerpo etérico incluye al espacio dentro de su campo de acción, es decir, se libera de la restricción espacial y el espacio deja de ser un obstáculo para su acción. Por ello, la dimensión espacial en la cual actúa este cuerpo es incorporado en su interior mientras que esa misma dimensión permanece como externa para el cuerpo físico.

El cuerpo *astral* incorpora, además del espacio, el tiempo. Al igual que el cuerpo etérico, el astral puede localizarse en cualquier zona del espacio pero no tiene límite alguno para viajar al pasado, incluso, remoto.

El cuerpo astral según Rajneesh es capaz de recordar vidas anteriores y corresponde al inconsciente colectivo de Jung. Desde el punto de vista sintérgico, el cuerpo físico está ligado al cerebro, el etérico a la lattice y al campo neuronal, mientras que el cuerpo astral se identifica más con ambos hipercampos, pero sin poder trascenderlos.

El cuerpo *mental* incorpora además de la dimensión temporal hacia el pasado, el tiempo personal futuro. Se halla,

---

[10] Rajneesh, *Psicología de lo esotérico*, Chile: Cuatro Vientos, 1980.

por así decirlo, en una dimensión en la que se unifican el tiempo y el espacio. El funcionamiento del cuerpo mental implica una expansión en la duración del presente en la cual el pasado y el futuro quedan incluidos dentro de una unidad perceptual. Esta misma expansión se relaciona con la activación sensorial en la cual la percepción visual, por ejemplo, funciona en una duración del presente mayor que la auditiva. El funcionamiento del cuerpo astral implica la misma expansión pero en un orden de magnitud mucho mayor.

El cuerpo mental sigue siendo un cuerpo individual, en cambio, el cuerpo *espiritual* es transpersonal y por ello incorpora y trasciende ambos hipercampos. Las experiencias del cuerpo espiritual son compartidas por todos los que lo viven. Es un cuerpo de la especie y no de un individuo en particular.

El cuerpo *cósmico* es el preámbulo a la conciencia de unidad. Este cuerpo trasciende el espacio, el tiempo, la individualidad y la dicotomía consciente/inconsciente.

Desde la perspectiva del cuerpo cósmico, todo posee conciencia.

El cuerpo *nirvánico* no puede describirse pues en él ya no existe lenguaje. Equivale a la conciencia de unidad y a una completa identidad entre el campo neuronal y la estructura básica de la lattice.

El modelo chamánico

El modelo chamánico es bifactorial, es decir, considera la existencia de dos niveles generales de la conciencia.

Algunos chamanes denominan a estos dos reinos: *mundo visible* y *mundo invisible*.[11] Otros chamanes los llaman *tonal* y *nahual*.[12]

El mundo visible equivale al tonal y se refiere al nivel de la conciencia cotidiana. En cambio, el mundo invisible o nahual hace referencia a un nivel de conciencia solamente accesible para los videntes.

Los chamanes owirúames de la sierra Tarahumara hablan de la coexistencia de tres espíritus en cada persona, lo que denota la presencia de por lo menos tres niveles de la conciencia.

El mundo invisible para los graniceros del Estado de Morelos en México está poblado por seres "astrales" que desafían la gravedad y viajan por el espacio realizando trabajos de ayuda. El chamán puede tener acceso a ese reino sutil adquiriendo en su contacto con el otro nivel de conciencia.

Algunos chamanes mexicanos son capaces de penetrar a estados de trance mediumnístico cambiando no solamente su personalidad habitual sino manifestando un conocimiento que no pertenece al nivel de la conciencia de la vigilia cotidiana.

El linaje del chamán-nahual don Juan Matus de Sonora ha desarrollado todo un modelo acerca de la conciencia y sus niveles. En este modelo, la percepción aparece como resultado de la alineación de dos sistemas de emanaciones, uno externo al cuerpo y el otro interno.

---

[11] Grinberg-Zylberbaum, J., *Los chamanes de México*, vol. I al VII, México: INPEC, 1987-1990.

[12] Castaneda, C., *El fuego interno*, México: Emecé,1987.

El cuerpo al que hace referencia este modelo no es el cuerpo orgánico sino un cuerpo energético luminoso que es visible para un vidente. La alienación de emanaciones se modula a través de la acción de un mecanismo de focalización que don Juan Matus denomina "punto de encaje". Este se localiza en la superficie del cuerpo o capullo luminoso y dependiendo de su posición en este, aliena diferentes bandas de emanaciones, dando lugar a percepciones de realidades alternativas.

Los niveles de la conciencia dependen de la profundidad en la que se sitúa el punto de encaje.

La similitud entre este modelo y el sintérgico, que afirma que la percepción surge como resultado de la interacción congruente entre un campo neuronal y la lattice del espacio-tiempo, es obvia.

Una de las características comunes de todos los chamanes auténticos es su capacidad de comunicación directa, la que les permite conocer, sin el uso de instrumentos verbales, el estado de la conciencia de quienes los visitan. Esta capacidad indica que el campo neuronal del chamán se halla en posibilidad de interacción fluida con otros campos neuronales y con la capacidad de decodificarlos. De la misma forma, el chamán parece ser capaz de decodificar y experimentar en forma directa ambos hipercampos.

Se podría postular la existencia de un nivel de conciencia chamánica que he denominado *la banda chamánica*.[13]

El modelo chamánico es complejo y varía de linaje a linaje aunque en todos ellos se vislumbran características

---

[13] Grinberg-Zylberbaum, J., *Los chamanes de México*, vol. I al VII, México: INPEC, 1987-1990.

comunes como las mencionadas antes y en especial la existencia de un modo de conciencia chamánica generalizada.

El modelo budista

El modelo budista también es bifactorial y queda ejemplificado en la vida de su creador. Hace aproximadamente 2 500 años, el que conocemos como Buda nació hijo de un rey. Su infancia la vivió aislado dentro del palacio de su padre y rodeado de todas las comodidades. Nunca conoció la enfermedad, la vejez ni la pobreza.

Un día decidió salir de los jardines imperiales y por primera vez tuvo contacto con el pueblo. Asombrado y dolido se dio cuenta de la existencia de la invalidez y el pesar. Abandonó su vida aristocrática y durante años se sometió a múltiples enseñanzas con el objeto de lograr su propia iluminación. Desesperado porque ni el ascetismo, ni las prácticas religiosas, ni las técnicas de control ayudaban, se sentó debajo de un árbol a meditar en la resolución de morir o llegar a iluminarse. Después de varios días y al ver una estrella alcanzó lo que deseaba.

A partir de ese momento se dedicó a enseñar, y hasta el resto de sus días lo hizo. Su mente era de una claridad prístina y a través de cientos de discursos impartidos a miles de discípulos logró crear todo un movimiento de regeneración espiritual el cual todavía inspira y guía a millones de personas. Buda era un maestro verdadero y como tal enseñaba a cada quien según sus necesidades y sus niveles de entendimiento. Sus alumnos más avanzados crearon sus propias escuelas y linajes tratando de conservar intacta y sin desviaciones la enseñanza original. Pero como a cada discípulo Buda le impartió un método individualizado, estas escuelas difieren entre sí aunque todas conservan la misma dirección.

Por ejemplo, existen por lo menos tres escuelas de Vipassana. Todas utilizan la observación como técnica de desarrollo pero cada una en diferentes áreas y contenidos (observación de las sensaciones corporales, observación de las emociones y pensamientos, observación del entorno). Las tres afirman ser las depositarias de la enseñanza original de Buda y consideran a las otras como alejadas de la misma cuando en realidad todas son la enseñanza original.

La bifactorialidad del modelo budista es la misma que vivió Buda. Sus dos estados de conciencia son la conciencia cotidiana previa a la iluminación y la conciencia iluminada.

El nivel de conciencia cotidiana es aquel en el cual existe una identificación con contenidos emocionales, corporales o con las fluctuaciones mentales. El nivel de conciencia iluminada trasciende las identificaciones fluctuantes y temporales y coloca al adepto en un estado de contacto con la realidad del Yo puro.

En ese estado, el placer y el dolor son vistos desde la misma perspectiva y no existen apegos ni sufrimientos mentales. El ser humano iluminado se libera y alcanza su verdadera identidad como la realidad misma y total.

Buda descubrió una gran cantidad de estados de la conciencia y sus análisis acerca de las condiciones mentales y sus vicisitudes no han podido ser superados. Actualmente existen muchas diferentes escuelas de budismo que utilizan un amplio repertorio de técnicas y meditación, pero todas ellas se pueden situar dentro de tres corrientes principales; el Hinayana, el Mahayana y el Vajrayana.

El Hinayana considera que la iluminación es individual y depende de un trabajo personal aislado y en soledad.

El Mahayana también considera que la iluminación es individual pero esta no se puede lograr a menos que todos la alcancen.

El budista mahayámico ayuda a los demás a lograr la iluminación aun posponiendo la suya propia. Su aproximación es más congruente con la conciencia de unidad y con el desarrollo del amor y la compasión universales.

El Vijrayana utiliza la energía de las emociones como vehículo para lograr la iluminación.

Uno de los discursos principales de Buda, el *Maha Satipatthana* ejemplifica el método de este Iluminado. En él, Buda conmina a sus discípulos a mantener una observación desapegada de sus sensaciones corporales, de sus emociones, de sus contenidos mentales y de sus sentimientos, señalando subtextualmente que toda identificación con esto no libera, en cambio su testificación desde la posición del observador lleva a la iluminación.

En el *Sutra Surangama*[14] existe otra indicación en el mismo sentido. Aquí se menciona la existencia de diferentes estratos o niveles de la conciencia. Cada nivel se vive como el ego del nivel precedente y se convierte en el contenido del nivel consecuente cuando este último es alcanzado.

En este modelo, la consideración fundamental es la inexistencia de un estado yoico absoluto y la idea de que

---

[14] *The Surangama Sutra*, Lu Kuan YU (trad.), India: B. L. Publications, 1978.

lo que hace avanzar de nivel en nivel de conciencia es la inclusión de contenidos de la experiencia dentro de un proceso de observación inclusiva. Estas consideraciones claramente coinciden con la descripción de los procesos de neuroalgoritmización tratados en los capítulos precedentes.

Por otro lado, uno de los conceptos más queridos del budismo es el de *sunyata* o *vacío*. Se entiende por *sunyata* la idea de que ni los objetos ni el Yo poseen existencia absoluta e independiente. Al contrario, todo es parte de una matriz interdependiente de relaciones.

El modelo de la psicología transpersonal

La psicología transpersonal incorpora enseñanzas provenientes de las tradiciones hindú, budista, teosófica y del misticismo cristiano, islámico y judío, dentro de su cuerpo doctrinario.

Se le llama *transpersonal* porque se interesa en el desarrollo más allá de un ego personal y su campo de estudio incluye los estados trascendentes de la conciencia.

De acuerdo con la psicología transpersonal, el nivel de conciencia más natural y elevado es el de la conciencia de unidad en el cual las diferencias entre objeto y sujeto, observador u observado, se diluyen en una realidad única y todo abarcante.

La conciencia existe en todo, pero el ser humano la fragmenta y limita asignándole fronteras de separación. Estas fronteras están dadas por identificaciones limitadas. La más común de todas las identidades es la que se asocia con el ideal del yo. Cuando un niño es educado, tanto sus padres como su escuela lo presionan para aceptar su conjunto de valores culturales considerados positivos y rechazar otros catalogados como negativos.

La aparición de conductas "negativas" es castigada y la manifestación de pensamientos, ideas y acciones "positivas" es premiada. Poco a poco el infante se identifica con los aspectos "positivos" y reprime los "negativos".

Si una sociedad considera que ciertas necesidades corporales son "negativas", enseña a bloquearlas aun cuando estas se manifiestan naturalmente. Se establece así la primera frontera de la conciencia. Cuando los aspectos "negativos" traspasan esa frontera, el propio sujeto se encarga de negarlos como parte de su identidad "real" solo aceptando como válido y verídico lo "positivo". Se crea así una *personalidad* o *máscara* y una *sombra*.

La máscara es lo aceptado y la sombra lo rechazado. Cuando la sombra se activa, el sujeto acusa al exterior o a otros sujetos por su aparición. En los casos más graves, la sombra se manifiesta como alucinaciones o delirios de persecución. El sujeto, incapaz de aceptar como parte de su identidad real a los aspectos "negativos", los proyecta a los "otros" salvaguardando así su identidad con los aspectos "positivos".

Cuando la tensión entre la personalidad y la sombra se hace insuperable, sobreviene una crisis de identidad, la que, o bien se somatiza provocando una enfermedad y en su extremo la muerte, o bien activa un proceso de incorporación de la sombra a la máscara.

Cuando esto último sucede y el sujeto logra aceptar como parte suya lo "negativo" que antes rechazaba y proyectaba al exterior, sobreviene un cambio de conciencia. En este, el sujeto adquiere un ego, el que integra en una unidad los aspectos "positivos" y "negativos".

Esta nueva identificación incorpora el cuerpo y sus necesidades como partes de la identidad "real". Se diluye una frontera de separación y la conciencia se expande. Sin embargo, en este nivel de conciencia que Ken Wilber denomina del *centauro* y que ya incluye el cuerpo y la sombra, todavía existe una frontera entre el Yo y el otro o entre el sujeto y el objeto.

Para acceder a un nuevo nivel de conciencia la noción de cuerpo debe sufrir una expansión. En esta, se incorporarán al Yo los acontecimientos, las experiencias y los patrones que antes eran considerados como perteneciente a lo externo, es decir, al no-yo. De esta forma, el centauro se comienza a identificar con su territorio y acontece un acercamiento de la Unidad con los demás. Los otros y uno ya no están separados sino que se viven como unidos en una nueva identidad.

Más adelante, el sujeto se reconoce como un verdadero "hijo del hombre", es decir su conciencia ya no es la de una persona independiente y separada sino humana en el más alto sentido de la palabra. Todas las emociones humanas, todos los sentimientos y experiencias que son capaces de vivirse como seres humanos se aceptan como parte de la identidad. Ya no es fulanito el que experimenta sino que es el ser humano en fulanito el que se manifiesta.

Esta identificación con lo humano es un nivel de la conciencia más expandido que la conciencia del centauro, pero aún es limitado y con fronteras de separación.

El siguiente nivel de la conciencia podría ser denominado *cósmica*, cuando el "hijo del hombre" incorpora el cosmos como parte de su identidad real.

Por último, el hombre cósmico se convierte en el Ser o en la existencia pura y dejan de existir denominaciones e identidades parciales. Se alcanza así la conciencia de unidad.

Todos los niveles de la conciencia se asocian con estratos de identificación y con fronteras cada vez más tenues hasta que la última división se rompe y se vive experimentando "aquello" que no tiene nombre como lo verdadero. En este nivel se comprende que cualquier imagen o percepto se ve a sí mismo y que lo que experimenta es "aquello" focalizado en uno mismo y, por último, "aquello" y uno mismo se acaban por fundir en el Uno.

El modelo sintérgico

El mayor deseo de todo pensador es llegar a una concepción de la realidad que permita aceptar su diversidad infinita pero que al mismo tiempo lo sitúe en la perspectiva de una visión unificadora de la misma.

El modelo sintérgico pretende lograr este ambicioso propósito a través de la conceptualización de un esquema que explique la creación de la percepción.

De acuerdo con el modelo sintérgico, la conciencia es un atributo de la lattice del espacio-tiempo cuyo estado fundamental o básico constituye también el estado primordial de la conciencia, lo que bien podría denominarse *conciencia pura*.

Los diferentes niveles de la conciencia son otros tantos estratos de las distorsiones que la estructura básica de la lattice puede asumir.

La conciencia humana, por ejemplo, aparece cuando el cerebro humano logra crear un campo neuronal que instaura una macrodistorsión hipercompleja en la lattice.

Desde este punto de vista, una imagen visual, como ya vimos, es en sí misma una particular distorsión tridimensional de la lattice que requiere, para ser activada, de un cerebro humano y un campo neuronal pero que no precisa de un observador para existir. Por ello, S. M. Goenka, uno de los más afamados maestros de Vipassana, afirmó en una ocasión[15] que "la imagen se ve en sí misma y el sonido se oye en sí mismo".

Las diferentes cualidades de la conciencia y sus niveles son explicados por la teoría sintérgica como asociados con estratos discretos de organización de la lattice.

Estas bandas sintérgicas corresponden también con estratos discretos (neurosintérgicos) del campo neuronal.

La lattice parecería ser capaz de distorsionarse a lo largo de un continuo sin pasos abruptos. Lo mismo podría ser considerado para la neurosintergia del campo neuronal. Es decir, teóricamente no tendrían que existir ni bandas sintérgicas en la lattice ni niveles cuánticos de organización neurosintérgica del campo neuronal. Sin embargo, toda la evidencia descrita en este capítulo acerca de la existencia de diferentes niveles de la conciencia señala que debe ser asumida una organización discreta tanto para la lattice como para el campo neuronal.

De esta forma, cada nivel de la conciencia correspondería con una interacción congruente entre una banda sintérgica y un campo neuronal con un nivel neurosintérgico

---

[15] Goenka, S. M., comunicación personal, 1894.

análogo a la sintergia de la banda correspondiente de la lattice.

De la misma forma que cada punto de la lattice contiene la totalidad, así cada experiencia es una vivencia de la totalidad por la totalidad misma. El hecho de que no lo comprendamos así depende de nuestro nivel de entendimiento y de la identidad que asumimos.

Vivir una imagen visual como vista por sí misma requiere de un *darse cuenta* difícil de lograr. Es más fácil arrogarse una identidad concreta y considerarla como centro de la percepción, puesto que eso está más de acuerdo con el sentido común, el cual nos presenta centros separados e independientes de existencia tales como los objetos o los cuerpos orgánicos.

Cada cualidad sensorial es un nivel de la conciencia y corresponde con una banda sintérgica particular en interacción congruente con un campo neuronal de una neurosintergia específica.

Esta última está determinada en parte por la densidad informacional del campo neuronal, la que a su vez depende de la cantidad de interacciones neuronales. Esta está dada por la duración del procesamiento cerebral por lo que asociado con la neurosintergia se encuentra un funcionamiento en determinada duración del presente.

Ya había mencionado que la expansión de la duración del presente determina una percepción temporal definida en la cual una serie de acontecimientos sucediendo en diferente tiempo se unifican. La unificación temporal es una transformación del espacio en tiempo y por ello se puede concebir como una penetración a la tetradimensionalidad. Así cada nivel de la conciencia podría concebirse como funcionando en la tetradimensionalidad o como penetrando en ella.

La tetradimensionalidad posee como atributo la conciencia, por lo que cada cualidad sensorial con una diferente duración de presente y cada nivel de conciencia también ocurriendo en una particular duración del presente, podrían concebirse como distintos estratos de penetración al universo tetradimensional hasta que, en el límite de expansión máxima de la duración del presente, lo que existe es la tetradimensionalidad pura de la lattice en conciencia pura.

En conclusión, las *orbitales de la conciencia* son los diferentes niveles que la conciencia es capaz de asumir, desde su identificación con aspectos concretos de la realidad hasta la conciencia de unidad en donde no existen dicotomías y separaciones entre objetos y sujetos. En este nivel de fusión entre el observador y lo observado, la experiencia resultante es que la **imagen se ve a sí misma** y el **sonido se oye a sí mismo**.

Los diferentes niveles de la conciencia dependen de la sintergia del campo neuronal en el nivel de la experiencia y de la capacidad neuroalgorítmica en el nivel de comprensión.

V

EL FACTOR DE DIRECCIONALIDAD

Tanto el campo neuronal como ambos hipercampos poseen ubicuidad: es decir, incorporan su estructura a la de la lattice en todas sus localizaciones. Ya había mencionado que una de las características de las distorsiones de la lattice es la de afectar y estar contenidas en todos los puntos de la misma. Un campo neuronal, como macrodistorsión hipercompleja de la lattice, cumple también con esta condición básica. Hasta no conocer los límites de densidad e inclusión informacional que son capaces de contener los puntos de la lattice, no podremos saber si un campo neuronal puede representarse, en forma total, en la misma dimensión del espacio que otras distorsiones menos complejas de la lattice.

Pero independientemente de si la respuesta a esta interrogante fuera afirmativa o no, la condición de ubicuidad debe cumplirse también para el campo neuronal.

Desde este punto de vista, la experiencia no tiene por qué estar localizada. Es decir, puesto que la interacción entre el campo neuronal y la lattice se realiza a todo lo largo y ancho del espacio, la experiencia no tendría por qué aparecer localizada en alguna zona particular del universo. El hecho, sin embargo, es que sí lo está.

En general, podemos concebir la existencia de tres localizaciones principales de la experiencia: *1)* en el interior del campo neuronal, *2)* en el borde de la interacción entre el campo neuronal y la lattice, y *3)* en la lattice misma.

La primera localización desemboca en una experiencia intracorpórea. La segunda, en una localización de la experiencia en la experiencia misma. Y la tercera en una localización extracorpórea.

Los estudios del chamanismo mexicano[1] demuestran la existencia de seres humanos que pueden localizar su percepción en diferentes zonas de la lattice alejadas de su cuerpo orgánico.

Doña Pachita, por ejemplo, era capaz de situarse fuera de su cuerpo en diferentes lugares del espacio.[2]

Pero no es necesario considerar estas portentosas hazañas de la percepción para darnos cuenta de que percibimos la interacción entre nuestro campo neuronal y la lattice en forma focalizada. Cuando, por ejemplo, observamos un paisaje o cualquier objeto, cada punto de la lattice lo contienen además de toda la información del universo. Tal y como lo mencionaba Moisés Cordovero —"**en donde tú te halles, allí se encuentran todos los mundos**"—, podríamos, al ver el paisaje, decodificar la imagen de los cráteres de la Luna o percibir una galaxia distante porque cada punto de la lattice

[1] Grinberg-Zylberbaum, J., *Los chamanes de México*, vol. I al VII, México: INPEC, 1987-1990.

[2] Grinberg-Zylberbaum, J., *Los chamanes de México*, vol. III, México: INPEC, 1989.

contiene la información de ellos. El hecho de que la imagen resultante sea la del paisaje o del objeto y no otra significa que poseemos un mecanismo de atención focalizada.

A este mecanismo, la teoría sintérgica lo denomina *factor de direccionalidad*.

Este mismo mecanismo de focalización debe ser el que actúa intracorpóreamente llevando al campo de la conciencia diferentes niveles de la actividad cerebral. El más usual de estos niveles se encuentra al final del procesamiento cortical y es el que nos permite experimentar como lo hacemos. Ni la salida de la retina es percepto consciente, ni la activación talámica lo es, así como tampoco la activación de los diferentes niveles cerebrales o cerebelosos lo son. Somos conscientes de la resultante final de nuestros procesos cerebrales, es decir, de la interacción del campo neuronal con la lattice. Sin embargo, con un entrenamiento adecuado[3] podemos hacernos conscientes de la actividad neuronal cortical e incluso subcortical. El nivel de la actividad intracorpórea al que tengamos acceso dependerá de dónde enfoquemos el factor de direccionalidad.

Por tanto, el factor de direccionalidad determina, en su enfoque, la percepción consciente tanto de aspectos externos a nuestro cuerpo orgánico como de internos de este.

De hecho, tanto en la actividad intracorpórea como la extracorpórea, todos sus niveles y estratos implican una interacción entre la lattice y el campo neuronal. La complejidad de esta interacción es menor a nivel retiniano comparativamente con la cortical pero se realiza en ambos. De la misma forma, el campo neuronal interactúa simultáneamente

[3] Grinberg-Zylberbaum, J., *Meditación autoalusiva*, México: INPEC, 1987.

con todos los grados de sintergia de la lattice, pero solamente uno de los patrones de interferencia resultante de esta interacción es percibido con conciencia.

De todo lo anterior se deduce que la focalización en la conciencia de una zona de la lattice o de alguno de sus niveles de distorsión requiere de un mecanismo de enfoque.

Tal y como lo vimos en el capítulo anterior, en la tradición chamánica mexicana y dentro del linaje de don Juan Matus de Sonora, a este mecanismo se le denomina *punto de encaje*.[4]

Existen, por lo menos, dos posibilidades de explicar el funcionamiento del factor de direccionalidad. En una primera opción, el enfoque consciente es resultante natural del nivel neurosintérgico del campo neuronal y no es necesario acudir a algún mecanismo de focalización externo a la propia interacción de campos. En esta alternativa, lo que se enfoca depende del logro de una congruencia entre la lattice y el campo neuronal en alguno o varios de sus niveles de sintergia.

La segunda posibilidad sí requiere de la consideración de la existencia de un mecanismo externo de enfoque e inválida la interacción entre la lattice y el campo neuronal como suficientes para explicar la focalización consciente de la percepción.

Para aceptar esta segunda alternativa es necesario que deba existir una realidad independiente de la lattice pero capaz de interactuar y modificar a esta estructura básica del espacio.

---

[4] Grinberg-Zylberbaum, J., *Los chamanes de México*, vol. VI, México: INPEC, 1989.

El modelo cabalístico apoya esta opción según lo que vimos en el capítulo anterior. La distorsión de la lattice, según la cábala, acontece a partir del universo de Yetzirah o "formación" y se manifiesta en Asiyah o "acción". Previo a Yetzirah, es decir, antes de la lattice, la cábala contempla la existencia de por lo menos cuatro universos que corresponden con tres niveles del alma. Según este modelo, el factor de direccionalidad se comanda desde fuera de la lattice.

Puesto que la mayor parte de los seres humanos se identifican con la lattice y sus distorsiones, el origen de este comando pasa desapercibido.

Solamente quien logre una percepción de los universos previos a la lattice, es decir, quien haya logrado situarse en un nivel del alma superior a Ruaj o "espíritu" reconocerá que el enfoque de su atención es un asunto siempre trascendente.

Desde esta perspectiva, los seres humanos somos instrumentos de una realidad más expandida. Esta realidad se manifiesta a través de nosotros en formas individualizadas y dependientes de la estructura corporal y mental de cada uno.

Parecería que nuestro desarrollo implica lograr una apertura para que "aquello" que constituye la realidad fluya libremente a través de nosotros. La postulación básica de la teoría sintérgica, al considerar la percepción como resultado de la interacción congruente del campo neuronal y la lattice, y la existencia de las bandas sintérgicas, explica esta condición humana de ser un instrumento de recepción de una realidad más expandida.

VI

EL OBSERVADOR Y LA INDIVIDUALIDAD

El camino que propone la teoría sintérgica para el logro de la conciencia de unidad implica la incorporación simultánea en un acto de observación de tantos contenidos de la experiencia hasta que estos y el observador se fundan en uno.

En términos más técnicos, al proceso anterior podría denominársele de *neuroalgoritmización expandida*.

Así como los neuroalgoritmos polisensoriales de alta inclusión incorporan toda la información del cerebro dentro de un patrón de alto poder dando lugar a una experiencia de integración yoica, así la expansión de la neuroalgoritmización, hasta el grado de incluir toda la información posible, hace que en su extremo la información incluida y el neuroalgoritmo resultante sean indistinguibles de la lattice misma, dando lugar a la desaparición de la diferencia entre objeto y sujeto. En esta conciencia de unidad, el observador y sus contenidos de percepción se funden en una unidad, es decir, se vuelven uno.

En los aforismos sobre el yoga de Pantanjali,[1] este autor describe la técnica de Samyama como apta para lograr lo

[1] Taimni, *Science of Yoga*, India: Adyar, 1961.

anterior. Samyama consiste en observar un objeto y mantener su observación hasta que el observador y el objeto se fundan en uno. A esta fusión el yoga la denomina *samadhi*. El camino del yoga implica la observación samadhica de objetos cada vez más sutiles hasta que el último "objeto" sea el mismo ser. En ese momento se logra la unidad entre el objeto y el sujeto.

En el modelo de la cábala cada nivel del alma desde Nefesh hasta Yejidah (singularidad) es más sutil e, igualmente, el universo asociado con cada alma representa, como en el yoga, un "objeto" de observación de cada vez mayor sutileza.

Así por ejemplo, Asiyah o "acción" corresponde con distorsiones visibles de la lattice; en cambio, el Ein Sof se asociaría con una realidad más intangible.

El desarrollo cabalístico, de la misma forma que el yóguico, parece implicar este ascenso desde lo burdo hacia lo sutil.

Tenemos, pues, aparentemente dos caminos de desarrollo. En el sendero chamánico y en la "tecnología" sintérgica, el ascenso a la conciencia de unidad se produce cuando se logran unificar en una observación simultánea todas las experiencias posibles. En el trayecto yóguico y cabalístico (hacia la misma conciencia de unidad), la observación es en pasos desde lo más concreto hasta lo más abstracto. Por supuesto que el Samadhi en el ser implica la fusión con todos los niveles previos, de la misma forma que en la cábala la identidad con la singularidad incluye la incorporación de todos los niveles previos de las almas. De la misma forma, en el modelo sintérgico la neuroalgoritmización incorpora ambas condiciones: la inclusión simultánea de diferentes elementos y el incremento de abstracción.

De hecho, un neuroalgoritmo de alto poder es correlativo con un nivel de la realidad más sutil, mientras que un neuroalgoritmo de pobre inclusión corresponde con niveles más concretos de la misma realidad. Por lo tanto, los dos caminos de desarrollo desembocan en lo mismo.

La "síntesis" de un neuroalgoritmo de alto poder se asocia con la activación de un campo neuronal de alta neurosintergia y por lo tanto con la posibilidad de interacción congruente de este campo neuronal con una banda sintérgica de alta coherencia, densidad informacional y frecuencia.

Este mecanismo de interacción implica una verdadera capacidad perceptual por parte del cerebro y explica nuestra capacidad de recepción de información sutil.

Cada ser humano se caracteriza por una capacidad individualizada dada por la estructura de su cerebro y, por lo tanto, por la morfología específica y personal de su campo neuronal.

Esta morfología individual se vislumbra en la también individual morfología del patrón de correlación interhemisférica que cada cerebro manifiesta.[2]

Por lo tanto, la individualidad podría definirse como dependiente de la particular y específica capacidad de recepción, interacción o captación de aspectos más o menos sutiles de la información contenida en las diferentes bandas sintérgicas.

Aun en la conciencia de unidad, la individualidad se mantiene expandiéndose y no desapareciendo.

---

[2] Grinberg-Zylberbaum, J. y J. Ramos, "Patterns of interhemispheric correlation during human communication", *International Journal of Neuroscience*, 36(1-2): 41-54, 1987.

Pero obviamente la individualidad no es un estado o condición de pasividad. Cada ser humano representa un evento único e irrepetible en toda la historia del universo.

Bien se podría afirmar que además de ser receptores de bandas sintérgicas, somos los creadores de las mismas.

Los seres humanos más evolucionados de todos los tiempos han legado a la especie las bandas sintérgicas que ellos crearon. Algunas tradiciones, como la tibetana, poseen técnicas para recrear tales bandas y así experimentar los estados de la conciencia de sus creadores. Para lograr esta portentosa hazaña de la percepción, utilizan visualizaciones.

Los famosos tankas en los que están dibujados deidades budistas con gran lujo de detalle son visualizados con la máxima exactitud por adeptos entrenados. Los esquemas geométricos, colores y formas inscritos en estos dibujos, al ser visualizados, activan un estado cerebral que sirve para activar un campo neuronal con la morfología exacta para establecer una interacción congruente con la banda sintérgica que representa el nivel de conciencia de la deidad correspondiente.

La cábala también ha desarrollado técnicas de visualización para, por ejemplo, recrear el estado de conciencia asociado con las diferentes sefirot. Para ello, el meditador visualiza el nombre hebrero de la sefirá en cuestión, logrando así crear un campo neuronal que interactúa en forma congruente con la banda sintérgica asociada con la sefirá que se desea experimentar.

En la conciencia durante la vigilia cotidiana, la realidad es filtrada por la mente de tal forma que lo que se percibe se "colorea" por la concepción, las emociones, los sentimientos y el estado de vitalidad del sujeto. Puesto que en la vigilia cotidiana lo que existe es una identificación con la mente y el cuerpo, ellos determinan la percepción. Si existe vitalidad, todo se verá a esa luz; si tristeza, la realidad aparece triste; si optimismo, optimista, etcétera.

Cuando el sujeto recuerda que puede atestiguar el estado de su mente y sus condiciones corporales desde la referencia de una observación desapegada, ocurre un salto perceptual en el cual la realidad deja de estar matizada o filtrada y se percibe la existencia de un sí mismo que trasciende las condiciones variables de su mente y los estados de su cuerpo. De esta forma, **la condición del observador es activada y en ella no existen variaciones sino un punto de referencia estable y constante**.

Además, el observador aparece como neutro con respecto a los cambios de su percepción. Puesto que estos se unifican en el acto de observación, se activa un estado de funcionamiento neuroalgorítmico de alto poder porque independientemente de las alteraciones de la información que lo alimenta, **el observador no fluctúa**.

En esta condición, el nivel de conciencia de la vigilia cotidiana se transforma en el nivel de **conciencia de sí** en el cual el observador actúa como identidad.

Sin embargo en el siguiente nivel de la conciencia, el observador desaparece como entidad separada de sus objetos de observación y se alcanza la **conciencia de unidad** en la cual la diferencia entre sujeto y objeto se acaba.

Tanto en el nivel de la conciencia cotidiana como en la conciencia de sí y en la conciencia de unidad existe individualidad, pero esta se expande de nivel en nivel y lo que se transforma es el entendimiento del sí mismo, medido a través de una adecuada neuroalgoritmización.

El paso de la conciencia de sí a la conciencia de unidad se produce cuando el acto de observación incorpora todos los contenidos posibles de la experiencia. El observador unifica todos estos contenidos y por tanto se produce la unidad del observador y sus objetos de observación.

Esta conciencia de unidad es un contacto con la existencia pura, y tanto la existencia como la vida misma sobrepasan todo intento de explicación teórica.

VII

REPERCUSIONES PRÁCTICAS

A partir de los postulados de la teoría sintérgica he desarrollado una técnica de meditación (meditación autoalusiva)[1] y una psicofisiología del poder.[2]

La *meditación autoalusiva* es una tecnología de la conciencia diseñada para activar el nivel de la conciencia de sí y la conciencia de unidad. Se basa en la observación desapegada y simultánea de diferentes áreas de la experiencia: las sensaciones corporales, los pensamientos, las emociones y el entorno.

La *psicofisiología del poder* es una tecnología de la conciencia diseñada para influir positivamente sobre ambos hipercampos. Se basa en la consideración de la existencia de un factor de direccionalidad colectivo capaz de ser modificado por el factor de direccionalidad individual, y en un atractor extraño del futuro ideal del hipercampo con el cual es posible establecer un contacto.

---

[1] Grinberg-Zylberbaum, J., *Meditación autoalusiva*, México: INPEC, 1987.

[2] Grinberg-Zylberbaum, J., *Psicofisiología del poder*, México: INPEC, 1988.

El hipercampo puede ser concebido como un macrocampo neuronal que, al igual que el campo neuronal individual, posee una dirección de desarrollo y un enfoque a través de la focalización de un factor de direccionalidad colectivo.

La posibilidad de afectar el hipercampo y de modificar el enfoque de su factor de direccionalidad se fundamenta en el descubrimiento experimental de las influencias que la actividad cerebral de un sujeto ejerce sobre otros sujetos.[3] En estos experimentos descubrimos que si dos sujetos interactúan en forma preverbal, aquel de los dos con mayores niveles de correlación interhemisférica modifica la correlación interhemisférica de su compañero atrayéndolo hacia su propio nivel.

Puesto que la correlación interhemisférica es un índice del grado de neurosintergia del cerebro, los resultados indican que existe una relación directa entre la neurosintergia y el poder personal. De esta forma, se puede deducir que mientras mayor sea la neurosintergia de un cerebro más afectará la neurosintergia de otros cerebros, de sus campos neuronales y por lo tanto del hipercampo mismo.

Por otro lado, tal y como existe una dirección de desarrollo individual hacia la conciencia de unidad, representada por un eje de incremento neurosintérgico del campo neuronal individual, así también existe una dirección evolutiva del hipercampo.

---

[3] Grinberg-Zylberbaum, J. y J. Ramos, "Patterns of interhemispheric correlation during human communication", *International Journal of Neuroscience*, 36(1-2): 41-54, 1987.

La teoría sintérgica postula que esta dirección de la evolución hipercámpica no es azarosa y está comandada por un atractor extraño.

El *atractor extraño del futuro ideal del hipercampo* equivale al *punto omega* de Teilhard de Chardin[4] y se puede concebir como el estado de mayor centralidad y complejidad del universo que atrae hacia sí mismo a las distorsiones de la lattice. Esta atracción es la responsable de que las distorsiones elementales de la lattice se organicen en sistemas complejos desde el átomo, la molécula, la célula viva y el organismo humano desembocando en la organización de la lattice más compleja: el cerebro humano.

En la psicofisiología del poder, el contacto y la percepción del atractor extraño del futuro ideal del hipercampo se produce cuando se logra incrementar la neurosintergia individual a través de la meditación autoalusiva y cuando se expande la duración del presente. Este contacto entre el individuo y el atractor extraño del futuro ideal del hipercampo se experimenta como éxtasis y es lo que la tradición mística cristiana denomina *estado de gracia*.

La *psicofisiológica del poder* es una psicofisiología del liderazgo de la conciencia y como tal representa una de las aplicaciones prácticas de mayor repercusión derivada de la teoría sintérgica.

Otra de las posibles repercusiones prácticas derivadas a partir de la teoría sintérgica es la posibilidad de modificar la curvatura del espacio afectando la fuerza gravitacional.

---

[4] Teilhard de Chardin, P., *La activación de la energía*, México: Taurus, 1965.

En un experimento realizado en mi laboratorio[5] descubrimos que los cambios de correlación interhemisférica determinaban oscilaciones de la gravitación en la cercanía del sujeto.

Lo anterior significa que las modificaciones de la neurosintergia de un campo neuronal afectan la sintergia de la lattice.

La posibilidad de afectar la gravitación a voluntad y de utilizar esta modificación gravitacional tiene repercusiones prácticas inmensas, tales como la transportación, la levitación e incluso la creación de un motor gravitacional.

Puesto que la lattice es un superconductor, el incremento en la coherencia de un cerebro equivale y produce una acción similar al efecto Meissner[6] en el cual un imán levita cuando se coloca sobre un material superconductor.

Otra de las aplicaciones prácticas de la teoría sintérgica es en el campo de la comunicación.

En un experimento reciente,[7] descubrimos la existencia del *potencial transferido*.

Cuando dos sujetos han logrado establecer una comunicación empática preverbal y después son separados uno del otro, la estimulación de uno de los dos sujetos activa un potencial en el otro sin mediación de señales sensoriales. El potencial transferido es una manifestación de un intercambio directo de información específica de cerebro a

---

[5] Grinberg-Zylberbaum, J., "Psychophysiological correlates of communication, gravitation and Unity", *Psychoenergetics*, 4: 227-256, 1982.

[6] Beiser, A., *Conceptos de física moderna*, Madrid: McGraw-Hill, 1965.

[7] Grinberg-Zylberbaum, J., *Creation of experience*, México: INPEC, 1988.

cerebro y podría ser utilizado como medio para enviar información sin el uso de instrumentos electrónicos.

Estamos a punto de iniciar un experimento para probar si existe una velocidad de transmisión del **potencial transferido**.

La predicción es que el intercambio de información directa cerebro a cerebro es instantáneo por lo que la tecnología de comunicación que se podría derivar permitiría un intercambio informacional sin retardos temporales y a cualquier distancia de separación.

Por otro lado la capacidad de la lattice de contener información colosal en cada uno de sus puntos podría ser utilizada en la invención de sistemas de computación que utilicen la misma estructura de la lattice tanto para guardar información como para efectuar operaciones de análisis informacional de cómputo. La invención de una computadora de la lattice similar al cerebro humano capaz de crear campos energéticos parecidos al campo neuronal y aprovechar sus operaciones es otra de las repercusiones prácticas de la teoría sintérgica.

Por último, la lattice posee una capacidad energética prácticamente infinita en cada uno de sus puntos. Se podría concebir la creación de un instrumento que extrajera energía directamente de la lattice y que la transformara en electricidad, calor, etcétera. Este generador energético de la lattice resolvería todos los problemas de abasto energético del planeta.

De la misma forma, la capacidad plástica de la lattice y la posibilidad de distorsionarla en formas específicas podría ser utilizada para materializar objetos y aun órganos biológicos que podrían ser utilizados tanto para la satisfacción de necesidades materiales como en la práctica médica. Esta aplicación junto con la decodificación directa de la lattice para recuperar la visión en ciegos ya ha sido probada en la práctica.[8]

[8] Grinberg-Zylberbaum, J., *Los chamanes de México*, vol. III, México: INPEC, 1989. Y Grinberg-Zylberbaum, J., "Extraocular visión", *Psychoenergetics*, 5: 141-158, 1983.

EPÍLOGO

LA UNIDAD

El secreto se encuentra en los procesos de unificación. Para la *conciencia celular*, la unidad corporal es un secreto; cada célula recibe influencias que provienen de una totalidad inaccesible y totalmente trascendente con respecto a ella misma.

Sin embargo y al mismo tiempo, la totalidad se halla algorítmicamente representada en cada uno de los elementos que la forman y la célula no se escapa a esta ley holográfica.

Lo mismo acontece con la conciencia humana. Está en cada uno de nosotros, recibe influencias de una totalidad inaccesible y totalmente trascendente y, sin embargo y al mismo tiempo, esa totalidad se halla algorítmicamente representada en cada conciencia individual.

En el cerebro, la misma dinámica se encuentra estructurada en los dos procesos que la teoría sintérgica considera fundamentales para entender la experiencia y la percepción: la nueroalgoritmización y la activación del campo neuronal.

A través de circuitos de convergencia, la información de la totalidad del cerebro se concentra en poblaciones celulares polisensoriales y de alta convergencia. Los neuroalgoritmos resultantes representan, en forma dinámica, la información de la unidad y de la totalidad en cada uno de sus elementos.

Por otro lado, el campo neuronal es el medio que permite el acceso a una unificación todavía más poderosa: la del hipercampo. Ambos procesos se complementan y son necesarios. Un percepto no puede crearse sin un campo neuronal capaz de distorsionar la lattice del espacio-tiempo. El mismo percepto no puede identificarse si no ha sido neuroalgoritmizado.

De la misma forma que cada elemento recibe influencia proveniente de la unidad de la cual forma parte, cada elemento de una totalidad afecta a la unidad. Por ejemplo, una modificación neuroalgorítmica produce una alteración concomitante de campo neuronal y del hipercampo.

La influencia de un elemento se diluye a medida que la Unidad se engrandece. Así, el mismo cambio neuroalgorítmico afecta, pero en menor medida, al hipercampo.

Exactamente las mismas dinámicas han sido descritas en el campo de la mística. Por ejemplo, Moshe Chayim Luzzatto[1] escribió que existen fuerzas espirituales provenientes de la Unidad que afectan cada conciencia humana y que a su vez la conciencia individual envía influencias que afectan los reinos espirituales.

El modelo sintérgico explica tales influencias a través de su postulación central; a saber, la interacción entre el campo neuronal y la lattice del espacio-tiempo. Formamos

---

[1] Luzzatto, M. Ch., *The Way of God*, Jerusalem: Feldheim Publishers Ltd., 1977.

parte de un organismo planetario del cual somos células. Nos interconectamos a través de la lattice y de nuestros campos neuronales.

La teoría sintérgica es un modelo que intenta explicar esta unidad planetaria.

APÉNDICE

REFLEXIONES ACERCA DEL TIEMPO

Acerca del tiempo se pueden plantear un sinnúmero de preguntas: desde su existencia objetiva hasta su relatividad. Empezaré con la primera pregunta, a saber: si su existencia es real o si es solo un producto subjetivo de nuestro funcionamiento psicológico. A no dudarlo, el tiempo, en su percepción, cambia de acuerdo con el estado psicológico. De todos es conocida la experiencia de sentir cómo un minuto, medido por un reloj, se alarga subjetivamente cuando estamos en una situación de gran demanda o de peligro, y cómo se acorta considerablemente cuando vivimos una experiencia placentera.

Por otro lado, Albert Einstein se encargó de demostrar que el tiempo posee una realidad relativa la cual depende de la velocidad del sujeto que la mide. A medida que un viajero se acerca a la velocidad de la luz, su tiempo se lentifica con relación a un observador inmóvil y termina por desaparecer en el límite mismo de la velocidad de la luz. La famosa paradoja de los gemelos ilustra este relativismo temporal. En ella, uno de los gemelos viaja a una estrella distante a gran velocidad, cercana a la de la luz, mientras el otro permanece en la Tierra. Al retorno del viajero, su hermano ha envejecido considerablemente más que él.

De esta forma, tanto desde un punto de vista objetivo como subjetivo, el tiempo no posee una existencia absoluta en lo que se refiere a la velocidad de su transcurrir.

¿Quiere esto decir que el tiempo no existe? Contestar afirmativamente a esta pregunta implicaría negar la existencia del pasado y de una dirección temporal de los eventos. Por ejemplo, si se vierte una gota de tinta en un vaso de agua, más tarde o más temprano toda el agua se habrá teñido con el color de la tinta; la dirección del proceso es desde la gota hasta su dilución. Sería imposible y absurdo considerar la existencia de la dirección temporal inversa. Es decir, de la dilución a la gota. Y por tanto se debe sumar la insignia de una direccionalidad temporal real y no objetiva.

Sin embargo, algunos físicos de frontera como Jack Sarfatti opinan que hay la posibilidad de que existan partículas elementales: los taquiones, capaces de viajar a velocidades superluminales y, por lo tanto, en una dirección temporal invertida con respecto a la usual, es decir, del futuro al pasado.

Hasta donde yo sé, todavía no se ha podido demostrar la existencia de los taquiones, pero sí de interacciones a distancia instantáneas, es decir, sin retardo. Esto implica que desde un punto de vista objetivo, el tiempo es capaz de desaparecer. Por otro lado, los místicos y contemplativos de todas las épocas han hablado de la existencia de un estado de conciencia que funciona en la atemporalidad. Ellos afirman que todo lo que existe acontece en un presente absoluto, en el cual no existe ni el pasado ni el futuro. Esto quiere decir que también desde un punto de vista subjetivo el tiempo puede dejar de existir.

¿Cómo compaginar todas estas diferentes concepciones y llegar a una conceptualización que las incluya sin contradicciones? Una posibilidad en este sentido la ofrece el modelo de la lattice y la teoría sintérgica. De acuerdo con nuestro conocimiento de la lattice, esta es capaz de variar su organización, desde un nivel básico de total simetría y coherencia hasta su hiperdistorsión dada por sus interacciones con el campo neuronal y con el hipercampo. Se podría postular que en el estado básico de la lattice, el tiempo no existe y que un hombre, cuyo campo neuronal sea de la suficiente sintergia como para no distorsionar a la lattice, experimentará la vivencia mística de la atemporalidad en un presente absoluto.

En cambio, en la lattice distorsionada sí transcurre el tiempo y consecuentemente también en la experiencia de un ser humano cuyo campo neuronal la distorsione. La relatividad temporal subjetiva depende entonces del nivel de distorsión de la lattice, la que a su vez depende del nivel de conciencia y del funcionamiento cerebral y perceptual de un sujeto.

La lattice en su estado básico es tan atemporal como la atemporalidad a la velocidad de la luz. Esta correspondencia parecería señalar que en realidad lo que llamamos "velocidad de la luz" corresponde al estado básico referencial de inmovilidad de la lattice misma. La constancia de la velocidad de la luz independientemente de la velocidad de quien la mide señala en la misma dirección.

En otras palabras, parecería que en el universo la referencia de inmovilidad es la de la luz, a la que erróneamente consideramos en movimiento cuando en realidad es la manifestación del estado básico de la lattice. Con respecto a esa "referencia inmóvil", todo tiene un transcurrir, y a ese lo llamamos tiempo.

En relación con nuestro funcionamiento perceptual, las diferencias en este "transcurrir temporal" producen efectos notables tales como las diferentes cualidades de la experiencia, las que como ya vimos, se relacionan con la duración del presente y con la sintergia del campo neuronal.

Nuestra capacidad temporal de distorsionar la lattice es generalmente efímera. Cada 50 milésimas de segundo creamos una imagen visual que no permanece estática sino que desaparece para dar lugar a una siguiente imagen que se funde con la primera a través de lo que don Juan Matus llamaba el "pegamento de la realidad", lo que nos da la ilusión de continuidad.

Lo mismo acontece con los sonidos, los cuales se funden unos con otros en un continuo proceso de creación y muerte.

Cabría hacer la pregunta: ¿qué pasaría si pudiéramos expandir la duración de un percepto visual? Se antoja pensar que en ese caso lograríamos materializar los objetos creados por nuestro funcionamiento cerebral. En otras palabras, fijaríamos las distorsiones de la lattice dadas por la interacción con nuestro campo neuronal. Que esta posibilidad puede ser realizada, no me cabe la menor duda. De hecho, alguno de los chamanes mexicanos, tales como Pachita, eran capaces de materializar objetos y aun órganos biológicos.

En general, la creación de diferentes niveles de la realidad depende del tiempo de su manejo y por lo tanto un análisis profundo del tiempo es tan fundamental e importante.

Acerca de la permanencia de los objetos también cabe intentar un análisis.

¿Por qué, por ejemplo, una roca dura más que una nube? Un físico nos diría que su ciencia ya ha logrado entender y también ha podido explicar tales diferencias y que estas se relacionan con la estructura atómica molecular. Un sólido es un sólido porque la distancia interatómica dentro de él es menor que la que se presenta en un líquido. Un gas es una organización de átomos y moléculas en la que los espacios vacíos son mucho mayores que los de un líquido, etcétera.

Sin embargo, ¿por qué si tanto el gas como el líquido y el sólido son distintas distorsiones de la misma lattice, la diferencia de distancia resulta en variados niveles de permanencia?

¿La permanencia de una fantasía visual depende entonces de la distancia entre los elementos distorsionados de la lattice?

Si pudiéramos imaginar una roca sólida y pesada, ¿qué es lo que evita que esta se materialice y qué es lo que lo permite?

Como mencioné antes, tenemos evidencia comprobada de la posibilidad de materializar objetos[1] por lo que las preguntas que acabo de plantear no son un simple juego de artificio sino una inquietud surgida de una observación empírica.

Algo en la morfología del campo neuronal en su interacción con la lattice debe ser la clave para entender tanto las diferentes cualidades de la experiencia perceptual (la luz, el sonido, etcétera) como la permanencia de las distorsiones de la lattice en los fenómenos de materialización. Ese algo se relaciona con el tiempo y su misterio.

---

[1] Ver mi libro *Los chamanes de México. Pachita*, vol. III, México: INPEC, 1987. [Publicado actualmente (2024) en el sello editorial Debolsillo.]

Decía antes que para un objeto moviéndose a la velocidad de la luz, el tiempo no transcurre y que esto mismo acontece para la lattice en su nivel básico de toda coherencia y simetría. En cambio, para todo aquel que se mueve a una velocidad menor que la de la luz o para cualquier distorsión de la lattice, el tiempo sí existe.

Esto quiere decir, que el tiempo podría ser el resultado de cualquier cambio o modificación de la estructura básica de la lattice. Esto último explica por qué ocurren modificaciones temporales asociadas con la presencia de campos gravitacionales y que también estos últimos son alteraciones de la estructura de la lattice: "curvaturas del espacio" tal y como las denominaba Einsten.

Puesto que el campo neuronal modifica la estructura de la lattice, la estructura cerebral y su funcionamiento son "creadores" del tiempo. Por otro lado, la estructura atemporal de la lattice en su estado básico, al ser modificada por la conciencia humana, es imbuida de tiempo. Probablemente esto quiere decir que el tiempo es, más que otra cosa, una creación humana.

Sin embargo, una distorsión de la lattice producida por cualquier partícula elemental o por un cuerpo macroscópico también debe afectar el tiempo si es que este, como afirmé antes, depende de la existencia de distorsiones de la lattice. Por otro lado, al hablar del tiempo, estamos asumiendo su inexistencia de la misma forma que al hacer referencia al Ser o a la conciencia subtextualmente estamos señalando su inexistencia. No es posible hablar de algo sin asumir la existencia de lo opuesto. Por ello, el tiempo implica el no-tiempo.

El modelo de la lattice satisface la necesidad de la existencia de la atemporalidad en la lattice no distorsionada y del tiempo en la lattice distorsionada. Tanto la actividad cerebral y sus productos como la materia inanimada y sus variantes distorsionan a la lattice. Por lo tanto, ambos "crean" el tiempo.

BIBLIOGRAFÍA

BEISER, A., *Conceptos de física moderna*, Madrid: McGraw-Hill, 1965.

BUDA, *Maha Satipatthana*. Fecha desconocida.

BLAVATSKY, H., *The Secret Doctrine*, Pasadena, California: Theosophical University Press, 1888.

CASTANEDA, C., *El fuego interno*, México: Emecé, 1987.

GOENKA, S. M., comunicación personal, 1894.

GRINBERG-ZYLBERBAUM, J., "The retrieval of learned information. A neurophysiological convergence-divergence theory", *Journal of Theoretical Biology*, 56: 95-110, 1976.

———, "Psychophysiological correlates of communication, gravitation and Unity", *Psychoenergetics*, 4: 227-256, 1982.

———, "Extraocular visión", *Psychoenergetics*, 5: 141-158, 1983.

———, "Los orbitales de la conciencia", *Enseñanza e investigación en psicología*, vol. X, 1: 55, 1984.

———, *Meditación autoalusiva*, México: INPEC, 1987.

———, *Los chamanes de México*, vol. I al VII, México: INPEC, 1987-1990.

———, *Creation of experience*, México: INPEC, 1988.
———, *Psicofisiología del poder*, México: INPEC, 1988.
——— y E. Roy John, "Evoked potentials and concept formation in man", *Physiology and Behavior*, 27: 749-751, 1981.
——— y J. Ramos, "Patterns of interhemispheric correlation during human communication", *International Journal of Neuroscience*, 36(1-2): 41-54, 1987.
JENNY, H., *Cymatics*, Basilius Presse Basel, 1974.
KAPLAN, A., *Meditation and Kabbalah*, Maine, EE. UU.: editorial Samuel Weiser, 1982.
LUZZATTO, M. Ch., *The Way of God*, Jerusalem: Feldheim Publishers Ltd., 1977.
PRIBRAM, K., comunicación personal, 1986.
RAJNEESH, *Psicología de lo esotérico*, Chile: Cuatro Vientos,1980.
SCHOLEM, G., *On the Kabbalah and its Symbolism*, Nueva York: Schocken Books, 1969.
SARFATTI, J., comunicación personal, 1985.
SCHWARTZ, E., comunicación personal, 1975.
TAIMNI, *Science of Yoga*, India: Adyar, 1961.
TEILHARD DE CHARDIN, P., *La activación de la energía*, México: Taurus, 1965.
The Surangama Sutra, Lu Kuan YU (trad.), India: B. L. Publications, 1978.
WILBER, K., *Conciencia sin fronteras*, España: Kayros, 1984.

AGRADECIMIENTOS

Gracias a mi padre amado, por dejar a la humanidad este regalo tan grande en todos sus textos e investigaciones. Gracias por haber tenido el atrevimiento de ahondarse en lo más profundo y darnos con sus letras una ventana para comprender un poco más nuestra naturaleza.

Gracias por ser uno de los pioneros en la investigación científica de la conciencia.

Gracias, padre, por enseñarme tantas cosas, acompañarme y cuidarme siempre con tanto amor.

Gracias a mi madre por siempre estar presente y siempre recordar a mi padre con respeto y cariño.

Gracias a mis hijas Ixchel y Leilani, por traer dentro esa herencia llena de sabiduría. Gracias por cuidar con tanto amor el legado de su abuelo.

Gracias a Nicolás por ayudar tanto en la recuperación de la obra de mi padre.

Gracias a la música por ser un canal tan sutil de comunicación con mi padre.

Gracias a todos los amigos entrañables de Jacobo.

Gracias a la familia.

Gracias a todos los científicos que han seguido la investigación en sus laboratorios.

Gracias a la UNAM por apoyar siempre el trabajo de mi padre.

Gracias a Penguin Random House por difundir el trabajo de Jacobo Grinberg en esta nueva edición de sus libros.

Gracias a la humanidad por estar llena de luz a pesar de todo lo que hemos y estamos pasando... Somos seres hermosos, parte de este universo que lo es todo... Somos polvo de estrellas.

Gracias, padre, donde sea que te encuentres. Te amo en lo más profundo de mi ser.

ESTUSHA GRINBERG

Esta obra se terminó de imprimir
en el mes de abril de 2026,
en los talleres de Diversidad Gráfica S.A. de C.V.
Ciudad de México